太阳能光伏产业——硅材料系列教材
编审委员会

太阳能光伏产业——硅材料系列教材

半导体硅材料基础

（第二版）

尹建华　李志伟　主编
周应胜　潘家平　主审

化学工业出版社

·北京·

本书共分 12 章，较全面地讲述了有关硅材料的基本知识。内容包括硅材料的发展史与当前的市场状况；半导体材料的基本性质；晶体结构及其结构缺陷；能带理论的基本知识；p-n 结和金属-半导体接触的特性；硅材料的制备；化合物半导体材料的基本特性及用途；硅材料的加工。重点讲述了制备高纯多晶硅的三氯氢硅氢还原法，制备硅单晶的直拉法和浇铸多晶硅的制备方法以及杂质在硅中的特性；砷化镓材料的特性和制取方法。

本书易懂、实用，可作为本科和高职院校硅材料技术专业的教材和从事硅材料生产的技术工人的培训教材，也可供相关专业工程技术人员学习参考。

图书在版编目（CIP）数据

半导体硅材料基础/尹建华，李志伟主编 . —2 版 . —北京：化学工业出版社，2011.11（2024.7 重印）
太阳能光伏产业——硅材料系列教材
ISBN 978-7-122-12727-3

Ⅰ. 半… Ⅱ. ①尹…②李… Ⅲ. 硅-半导体材料-教材 Ⅳ. TN304.1

中国版本图书馆 CIP 数据核字（2011）第 236810 号

责任编辑：潘新文	文字编辑：孙凤英
责任校对：蒋 宇	装帧设计：韩 飞

出版发行：化学工业出版社（北京市东城区青年湖南街 13 号 邮政编码 100011）
印 装：北京虎彩文化传播有限公司
787mm×1092mm 1/16 印张 10¾ 字数 242 千字 2024 年 7 月北京第 2 版第 9 次印刷

购书咨询：010-64518888 售后服务：010-64518899
网 址：http://www.cip.com.cn
凡购买本书，如有缺损质量问题，本社销售中心负责调换。

定 价：29.00 元

第二版前言

最主要的半导体材料硅，半个世纪以来，得到了非常广泛的应用，它是电子工业、新能源产业及现代科学技术和先进产业的主要基础材料。目前，电子工业的发达程度已是一个国家先进和强盛的标志之一。所以，硅材料的研究一直受到各国特别是发达国家的关注。近几年来，由于太阳能产业的迅猛发展，硅材料更加广泛地受到了人们的关注。

为适应教学和自学的需要，特组织编写了本书，书中较全面和系统地讲述了硅材料的基础知识。

本书突出基础性和实用性，深入浅出地讲述了有关硅材料的特性、制取和加工等各方面的基础知识，也介绍了一些化合物半导体材料的知识，全面易懂，可作为高等院校和自学者的参考教材。本书第一版自 2009 年 7 月首次发行以来，深得读者好评，同时也得到了有关学者和专家的指正，在此深表感谢！

本书再版，对原书中的错误文字、图表和符号进行了相应的更正。

在有关章节中增补了一些必要的基础知识。如对倒格子概念进行了补充，增加了自间隙原子和空位浓度的知识，增加了杂质在硅晶体中轴向分布的理论，增加了有关 B-O 复合体的知识，增加了中子活化分析的原理等。这些知识，对于从事硅材料生产人员和太阳能电池产业人员来说，都是必要的，也有利于读者深入学习半导体物理的有关知识。

本书再版后，其内容将更加丰富，更具实用性。尽管如此，再版后可能仍有不妥之处，敬请读者和专家指正。

本书的再版，得到了有关人士的帮助和支持，在此一并致谢。

编者
2011 年 10 月

第一版前言

目前世界光伏产业以 31.2% 的年平均增长率高速发展，位于全球能源发电市场增长率的首位，预计到 2030 年光伏发电将占世界发电总量的 30% 以上，到 2050 年光伏发电将成为全球重要的能源支柱产业。各国根据这一趋势，纷纷出台有力政策或制订发展计划，使光伏市场呈现出蓬勃发展的格局。目前，中国已经有各种光伏企业超过 1000 家，中国已成为继日本、欧洲之后的太阳能电池生产大国。2008 年，可以说是中国光伏材料产业里程碑式的一年。由光伏产业热潮催生了上游原料企业的遍地开花。一批新兴光伏企业不断扩产，各地多晶硅、单晶硅项目纷纷上马，使得中国光伏产业呈现出繁华景象。

发展太阳能光伏产业，人才是实现产业可持续发展的关键。硅材料和光伏产业的快速发展与人才培养相对滞后的矛盾，造成了越来越多的硅材料及光伏生产企业人力资源的紧张；人才培养的基础是课程，而教材对支撑课程质量举足轻重。作为新开设的专业，没有现成的配套教材可资借鉴和参考，编委会根据硅技术专业岗位群的需要，依托多家硅材料企业，聘请企业的工程技术专家开发和编写出了硅材料和光伏行业的系列教材。

本系列教材以光伏材料的主产业链为主线，涉及硅材料基础、硅材料的检测、多晶硅的生产、晶体硅的制取、硅片的加工与检测、光伏材料的生产设备、太阳能电池的生产技术、太阳能组件的生产技术等。

本系列教材在编写中，理论知识方面以够用实用为原则，浅显易懂，侧重实践技能的操作。

本书主要讲述了半导体硅材料的基本性质与半导体晶体材料相关的晶体几何学、能带理论以及微电子学方面的基础理论知识，并简单介绍了硅材料的制备及其加工等内容。

本书注重理论与实践的紧密结合，以职业岗位能力为主线贯穿全书，面向工作过程设计教学内容，突出应用性和实践性。

本书可作为本科和高职院校太阳能光伏产业硅材料技术专业学生的教材，同时可作为企业对员工的岗位培训教材，也可作为相关专业的工程技术人员参考学习。

本书由尹建华、李志伟主编；参加编写的人员还有王丽，邓丰、乐栋贤、王晓忠；本书由周应胜、潘家平主审。参加审稿的老师提出了许多宝贵意见和建议，在此表示衷心的感谢。

教材的开发是一个循序渐进的过程，本系列教材只是一个起步，在编写过程中难免存在不足之处，恳请社会各界批评指正，编委们将在今后的工作中不断修改和完善。我们相信，本系列教材的出版发行，将促进我国硅材料及光伏事业的进一步发展。

教材编审编委会
2009 年 3 月

目 录

第1章 概 论

学习目标

① 了解硅材料工业的发展。
② 了解现今半导体硅材料的市场及发展。
③ 掌握新建多晶硅厂应注意的问题。

1.1 硅材料工业的发展

硅在自然界中通常以化合物形态存在，直到 20 世纪，人们才发现硅具有半导体性质。

1917 年切克劳斯基（Czochraski）发明了拉晶方法，于 1950 年被蒂尔（Teal）和里特尔（Little）两人应用于拉制锗单晶及硅单晶，这就是目前应用广泛的直拉法即 Cz 法。1952 年普凡（Pfann）发明了区熔法（Float-Zone Technique）即 Fz 法。

1947 年 12 月巴第恩（Bardeen）等人发明了晶体管（Transistor），正式拉开了半导体时代的序幕。1954 年，蒂尔成功地研制出了世界上第一支硅单晶晶体管，1958 年，基尔比（Killby）发明了集成电路（IC），揭开了半导体时代新的一页，奠定了信息时代的基础。此后，半导体工业得到了迅速发展，电路的集成度越来越高，集成电路从小规模发展到中规模、大规模、进而到超大规模。目前，已能在一个芯片上集成 $10^8 \sim 10^9$ 个晶体管，其特征工艺线宽已达到几十纳米级。

硅材料是信息产业的重要基础材料，全世界半导体器件中有 95% 是用硅材料制成的，其中 85% 的集成电路是由硅材料制成的。随着集成电路的迅速发展，硅材料的研制也得到了迅速发展，其纯度越来越高，对金属杂质而言，已达到 $10 \sim 11$ 个 "9"；结构越来越完美，从有位错单晶发展到无位错单晶，进而对减少晶体中的微缺陷也进行了广泛而深入的研究，并成功地得到了控制。硅单晶的直径也越来越大，目前，直径为 300mm 的用于制作集成电路的硅单晶也已商品化，直径为 450mm 的硅单晶正处于研制阶段。硅片加工技术也得到了相应的发展，加工精度也越来越高。

在国内，1957 年北京××研究总院开始从事半导体硅材料的研究工作。1958 年 10 月在北京××研究总院成立了中国第一个硅材料研究室，系统地开展了多晶硅、单晶硅的研制及硅材料性能的研究工作，并研制出了中国第一支直拉硅单晶。

1959 年，中国对多晶硅的研制工作取得了可喜成绩，利用 $SiCl_4$ 氢还原法获得了直径为 30mm 的多晶硅棒。

1960 年，中国科学院在北京建立了半导体材料研究所。

1961 年，北京××研究总院研制出了中国第一支区熔硅单晶。

1962 年，在天津成功地研制出了化合物半导体材料砷化镓（GaAs）单晶。

1964 年，利用中国自己的技术成果，由北京××研究总院硅材料研究室整体内迁，在四川峨眉，建立了中国第一个从事硅材料、化合物半导体材料及高纯金属研究和生产的厂、所结合的半导体基地。设计规模为多晶硅 800kg/年，单晶硅 200kg/年。这就是现在的峨嵋半导体材料厂和峨嵋半导体材料研究所。

同年又从日本引进并建成第二个硅材料厂，即洛阳单晶硅厂。在这一年，中国也开始了小规模集成电路的生产。

1972 年，四川××所采用峨嵋半导体材料厂（所）的单晶硅研制出了中国第一块 PMOS 型大规模集成电路。"六五"、"七五"和"八五"期间，在国务院的领导下，进行了多项攻关工程，在 1999 年 2 月，其 IC 特征尺寸线宽为 $0.35\mu m$ 的主导产品 64MB 同步动态存储器（S-DRAM）正式投产，标志着中国已拥有了深亚微米超大规模集成电路的芯片生产线。

1992 年，北京××研究总院研制出了中国第一根直径为 150mm 的硅单晶。1995 年建成了中国第一条 150mm 的抛光线，能满足 $1.2\sim0.8\mu m$ 线宽 IC 工艺的需求。同年，直径为 200mm 硅单晶研制成功。1997 年，直径为 300mm 的硅单晶研制成功。2001 年 2 月第一条直径为 200mm 的硅片抛光线正式运行，同年 10 月研制出了第一批直径为 300mm 的抛光片。2003 年开展了满足线宽 $0.13\sim0.10\mu m$ 的直径为 300mm 的硅单晶、抛光片及外延片的研制。目前直径为 300mm 的硅单晶、抛光片已能批量生产。

目前直径小于 100mm 的硅单晶抛光片主要用于特征尺寸线宽 $5.0\sim3.0\mu m$ 的电路芯片工艺；直径为 125mm 的硅单晶抛光片主要用于线宽 $3.0\sim1.2\mu m$ 的芯片工艺；直径为 150mm 的硅单晶抛光片主要用于线宽 $1.2\sim0.5\mu m$ 的芯片工艺；直径为 200mm 的硅单晶抛光片主要用于线宽 $0.25\sim0.13\mu m$ 的芯片工艺，此工艺为深亚微米技术；直径为 300mm 的硅单晶抛光片，将用于线宽为 $0.13\sim0.1\mu m$ 或线宽更小的纳米电子技术中。

目前中国的电子产业已有了一定的规模，已成为中国国民经济和社会发展的支柱产业之一。中国拥有 30 多条 IC 芯片线，其中直径 200mm 的硅片线 12 条，直径 300mm 的硅片线 2 条。

目前中国电子产业虽然有了很大发展，且具有一定的规模，但规模尚小。2006 年，中国硅单晶抛光片仅占世界产量的 4.1%，硅外延片产量仅占世界产量的 3.3%。这表明与世界先进国家相比，差距还较大。

1.2 半导体市场及发展

全球进入信息时代以来，IC 工业得到了迅速发展，至 2005 年底，全球已有直径为 300mm 的硅片线 46 条，其中中国台湾省 11 条，美国 13 条，日本 6 条，韩国 4 条。2008 年增至 90 条，目前已成为主打工艺。

（1）消费类产品将成为市场的主流

在 2007～2010 年的半导体终端产品市场中，PC 年增长率约为 10%，手机年增长率约为 13%，数码相机年增长率约为 9%，数字电视年增长率约为 25%，MP3 年增长率约为 52%。从 2006 年起，全球半导体市场已发生了很大变化，消费类产品正逐步成为市场的主流，成为驱动市场发展的最大推动力。

（2）集成电路和半导体产业正在向发展中国家转移

为适应经济全球化的大趋势，世界范围的产业结构也正在进行一轮新的调整，集成电路和半导体产业正在向亚洲和发展中国家转移。中国政府也出台了一系列发展半导体产业的优惠政策，并加大了投资力度。集成电路和半导体产业的发展，使硅材料的需求量迅速增长。

（3）光伏产业迅速兴起

由于石油、煤等能源储量越来越少，它们总有一天会被耗尽，加之这些能源又会对环境造成污染，人类不得不寻求新的能源。太阳能是人类最理想的能源，它蕴藏量巨大，又无污染。太阳是距离地球最近的恒星，为人类和人类生存的空间提供光和热，它主要由氢（约占 80%）和氦（约占 19%）组成，是一个炽热（中心温度 10^7K，表面温度 8500K）的、巨大（直径约 1.39×10^9m，为地球直径的 109 倍）的热核反应堆，其巨大的核能向宇宙辐射，约有 22 亿分之一的能量辐射到地球，经过大气的反射、散射和吸收，约损失掉 30%，余下的 70% 的能量辐射到地面。在太阳光垂直入射的情况下，入射到地面的功率约为 925W/m^2，按太阳目前损耗的速率来看，其热核反应可进行 600 亿年。这对人类来说，可以认为是一种取之不尽、用之不竭的清洁能源。

人类对太阳能的利用可以分为间接利用和直接利用。光合作用、风能、水能等为间接利用，太阳能发电则为直接利用，而将太阳能（光能）转换为电能的核心器件就是太阳能电池。目前制作太阳能电池的主要材料就是硅。2005 年以来，光伏产业的兴起，对硅材料的需求急剧增加。中国 2006 年需用单晶硅 3739t，其中光伏产业用硅达 3188t，其余的用于电子产品。而中国 2006 年多晶硅生产只有 300t 左右，缺口很大，大量依靠进口，2007 年此种局面也未得到改善。据《2007 年中国太阳能硅产业研究报告》的数据，2006年中国生产太阳能电池硅片 399.4MW，比 2005 年的 143.9MW 增长了 177.6%，2007 年产出为 927.6MW，比 2006 年增长了 132.2%。人们预测，在今后半个世纪内，太阳能电池产业的发展将持续以 30% 以上的速率增长，将对硅材料的需求与发展形成持久的巨大的拉动力。

中国现已成为世界第二大石油进口国，能源压力大，大力发展太阳能电池产业已成为当务之急。

依据目前的制作工艺，制作 1MW 太阳能电池需用硅材料约 7t。对太阳能电池片的需求的急剧增长，也是对硅材料的需求的急剧增长。2005～2009 年间，多晶硅严重缺货，价格飞涨，利润丰厚，中国出现了"千军万马上多晶硅"的局面。除已建成的新光硅业科技有限公司、洛阳中硅高科技公司及峨眉半导体材料厂均在扩产外，四川眉山等许多省（市）也都在新建或筹建多晶硅生产基地。目前，有些项目已陆续投产，硅材料的供需矛盾已稍有缓解，价格也日趋合理，但其利润还是可观的。

1.3　中国新建、扩建多晶硅厂应注意的问题

目前多晶硅严重短缺，扩建或新建一些多晶硅生产基地是必要的，在建设多晶硅生产

基地中，以下几个方面是应当注意的。

（1）必须重视产品质量

产品质量是一个企业存活的基础。目前，中国新建、扩建的多晶硅项目，其技术基本上属于改良西门子法，大部分项目都将质量目标瞄准太阳能级硅材料。原因是太阳能电池对硅的质量要求不是很高，投资见效快，必须指出，就太阳能电池而言，对硅材料的质量也是有要求的，如对氧、碳和金属杂质含量的要求，特别是金属杂质对太阳能电池的转换效率影响很大。目前，在中国一般认为金属杂质含量应小于 1ppma❶，实际上这个指标是偏低的。有专家解析过×国的电池片，其硅材料的纯度为 8 个 "9"。他们提出，制作一般民用太阳能电池，应使用 7 个 "9" 的硅材料，而制作航天用的太阳能电池应使用 8 个 "9" 的硅材料，才能制作出转换效率高、性能稳定的太阳能电池，这一认识可从图 1-1 中得到证实。

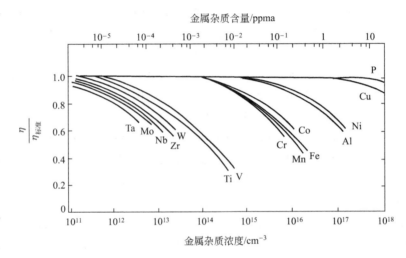

图 1-1　硅中金属杂质浓度对太阳电池效率的影响

为了满足光伏产业市场需要，生产一定量的太阳能级硅是必要的，但不能忽略电子产品的需求。必须指出，人们正在寻求比目前改良西门子法更简易的制作太阳能电池的多晶硅的方法，以便降低成本，相信不久将会取得成功。所以新建的多晶硅生产基地，其产品质量不仅要满足太阳能电池的需要，还应能生产部分高质量硅材料以满足电子工业的需要，中国 IC 产业过分依赖进口材料的局面必须尽快得到改变。随着电子技术的发展，电子级硅材料的需求量将会越来越大，有资料报道，2008 年，电子工业用硅就达到了2500t。而电子级硅材料的质量要求是很高的，其中重金属杂质含量不得大于 0.5ppbw❷。现将电子级多晶硅纯度列于表 1-1 中。

（2）注意控制成本

目前，降低生产成本最主要的两个方面：一是充分利用原料；二是降低电耗。在原料的充分利用方面，技术先进完备的生产企业均有完善的还原尾气回收处理系统和综合利用技术。利用三氯氢硅（$SiHCl_3$）闭环生产多晶硅时，一次转化率仅为 8%～12%，还原尾

---

❶　按原子密度计算的含量，即每百万个硅原子有几个杂质原子。下同。

❷　按质量计算的含量，十亿分之一。下同。

表 1-1 电子级多晶硅杂质浓度

项 目		免 洗 料	酸 洗 料
纯度	施主（P，As，Sb）	≤150ppta	≤150ppta
	受主（B，Al）	≤50ppta	≤50ppta
	碳	≤100ppba	≤100ppba
	重金属总量（Fe，Cu，Ni，Cr，Zn）	≤500pptw	≤500pptw
表面金属	Fe	≤5000pptw	≤500pptw/250ppta
	Cu	≤1000pptw	≤50pptw/25ppta
	Ni	≤1000pptw	≤100pptw/50ppta
	Cr	≤1000pptw	≤100pptw/55ppta
	Zn	≤1000pptw	≤100pptw/130ppta
	Na	≤5000pptw	≤800pptw/980ppta

注：1ppb=1×10^{-9}；1ppt=1×10^{-12}。下同。

气中会有大量的三氯氢硅（$SiHCl_3$）存在，并且还有大量的三氯氢硅（$SiHCl_3$）热分解物四氯化硅（$SiCl_4$）存在，如何回收利用尾气中的三氯氢硅（$SiHCl_3$）和四氯化硅（$SiCl_4$）是降低生产成本的重要途径。所以，如何回收和利用还原尾气，便成为了重要技术课题，也是目前多晶硅生产的技术诀窍。干法回收还原尾气和使四氯化硅（$SiCl_4$）转化为三氯氢硅（$SiHCl_3$）的氢化技术，已成为科研技术人员攻关的重要技术课题。在这方面，目前中国新建和扩建的多晶硅生产企业，也各具特色，技术被国外垄断的时日不会太长了。在综合利用方面，如将 $SiCl_4$ 提纯用于光纤的生产，或开发相关的有机硅生产链等。在多晶硅生产中，每生产 1kg 硅，要产生 12kg 以上的 $SiCl_4$。大量的 $SiCl_4$ 如不能及时得到处理，多晶硅产业将很难得到持续发展。

在节能方面，一般采用多对棒的大还原炉，现代大还原炉可安装 50 对长 2.5m 的硅芯，一台炉子的平均沉积速率可达 37kg/h，6 台炉子就达到年产 1000t 以上。

中国目前的生产工艺与国际上先进的生产企业相比较，还较为落后，其产品不但质量较低，而且生产单耗也高，因而成本也较高，一般为国外先进生产企业的 3～4 倍。因此，中国多晶硅生产技术亟待提高，在低技术水平上重复建设是不可取的。

为了提高产品质量和降低生产成本，今后除继续在 $SiHCl_3$ 提纯效率上进行研究外，还应着重对还原工艺技术和尾气回收工艺技术进行研究，这才是改良西门子法的技术关键所在。

本 章 小 结

① 硅材料是电子工业和太阳能光伏产业最重要的基础材料。半个世纪以来，硅材料得到了突飞猛进的发展，电子工业也以奇迹般的速度发展。现在它已成为一个国家国力的标志之一。世界各国都在发展包括太阳能在内的新能源，掌握能源方面的主动权，以便使经济得到持续发展。

② 目前半导体市场有以下几个特点。

• 产品向消费市场转化。MP3、数字电视、手机、数码相机及个人电脑等将成为主流市场。

• 产业正向亚洲发展中国家转移。

• 光伏产业的兴起，给硅材料产业提供了很好的发展机遇。卖方市场不会太久，经营将回到正常轨道上来。

③ 发展硅材料产业，必须重视质量，重视降耗，重视综合利用。

习　题

1-1　简述硅材料的发展。

1-2　简述硅材料的最新市场状况。

1-3　新建、扩建多晶硅企业应注意些什么？

第2章 半导体材料的基本性质

2.1 半导体材料的分类及性质

（1）半导体材料的分类

物质的分类有各种方法，若按结构来分，可分为晶体和非晶体；若按其导电性能来分，可分为良导体、绝缘体和半导体。若定性来讲，良导体导电性能好，绝缘体几乎不导电，半导体的导电性能介于良导体和绝缘体之间。若定量地科学地讲：良导体的电阻率小于或等于 $10^{-6}\Omega\cdot cm$（即 $\rho\leqslant 10^{-6}\Omega\cdot cm$），绝缘体的电阻率大于或等于 $10^{10}\Omega\cdot cm$（即 $\rho\geqslant 10^{10}\Omega\cdot cm$），而半导体的电阻率则介于良导体和绝缘体之间（即 $10^{-6}\Omega\cdot cm < \rho < 10^{10}\Omega\cdot cm$）。

半导体材料也可作多种形式的分类。按结构来分，可分为晶体半导体和非晶体半导体等。按照成分从大的方面来分，可分为有机半导体和无机半导体。有机半导体又分为有机化合物（如酞菁、聚乙炔等）和分子络合物（如四甲基对苯二胺等），其中聚丙烯腈等有机高分子半导体又称塑料半导体。而无机半导体又分为单质半导体（如硅、锗、硒等）和化合物半导体（如砷化镓、磷化铟、锑化铟等）。

单质半导体材料有 12 种，包括硅、锗、硼、碳、灰锡、磷、灰砷、灰锑、硫、硒、碲和碘。其中锡、锑和砷只有在特定的固相时，才显半导体性质。除硅、锗、硒外，一般要制取高纯度的单质半导体材料都比较困难，所以，硅、锗、硒是应用得最多的单质半导体材料，而又以硅为最多。硅与其他的单质半导体材料相比，极易提纯，纯度可达到很高，而且在地壳中含量又最丰，其丰度高达 27%左右。它有三种稳定的同位素，其中^{28}Si 占 92.23%，^{29}Si 占 4.67%，^{30}Si 占 3.1%。

化合物半导体材料种类十分繁多，大体可分为ⅢA-ⅤA 族化合物、ⅡA-ⅥA 族化合物、ⅣA-ⅣA 族化合物、三种或三种以上元素化合物、氧化物、硫化物、稀土化合物半导体材料等。

硅的本征载流子浓度在常温下为 1.5×10^{10} 个/cm^3，相应的电阻率为 $2.3\times 10^5\Omega\cdot$

cm。通常为了制作电子元件的需要，在高纯度的硅中，按需要掺入一定量的某种特定的杂质元素，制成具有一定电学性能的硅单晶。如掺入ⅤA族元素（磷、砷、锑等），可制成 n 型硅单晶，掺入ⅢA族元素（硼、铝、镓等），可制成 p 型硅单晶。

（2）半导体材料的性质

半导体材料虽然种类很多，然而它们都具有一些相同的性质，即共同性。

① 对热很敏感　如高纯度的本征硅在室温下载流子浓度为 10^{10} 个/cm^3，相应的电阻率达 $2 \times 10^5 \Omega \cdot cm$ 以上。而在 500℃ 时，其载流子浓度可达 10^{17} 个/cm^3，相应的电阻率只有 $10^{-2} \Omega \cdot cm$。温度变化 20 倍左右，而电阻率变化却达百万倍以上。图 2-1 示出 GaAs、Si、Ge 能隙和载流子浓度随温度的变化情况。

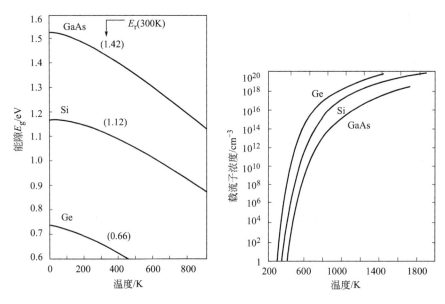

图 2-1　GaAs、Si、Ge 能隙和载流子浓度随温度的变化

② 电阻率随温度变化与金属材料相反　半导体的电阻率随温度的升高而迅速下降，这和金属材料的性质正好相反，金属材料的电阻率随温度的升高而增大。

③ 具有光电效应　光电效应，即在光的照射下，电路中产生电流或电流变化。半导体材料光电效应可分为两类：一是在光照下能使物体的电阻值改变，称为"内光电效应"或"光导效应"；二是在光照下能够产生一定方向的电动势，称为"阻挡层光电效应"或"光伏效应"。

④ 具有压电性　对半导体施加应力时，它的能带结构会发生相应的变化，因而，半导体的电阻率（或电导率）就要发生改变，这种由于应力的作用使电阻率（或电导率）发生改变的现象，称为压阻效应。可用于制作半导体应变计、压敏二极管、压敏晶体管等。

⑤ 对磁敏感　半导体在磁场中会发生霍尔效应、磁阻效应等，可用于制作磁敏元件。

⑥ 具有热电效应　所谓热电效应是把热能转换成电能的过程，其中最重要的是温差电现象。半导体的温差电动势比金属的大得多，且热能与电能转换效率也较高，因此在温差发电器（塞贝克效应）、半导体致冷器（珀尔帖效应）等方面得到应用。

⑦ 导电特性　半导体的导电，同时具有两种载流子，即电子和空穴，电子为负电荷

载流子，空穴为正电荷载流子。两者对导电同时都有贡献，而金属就只有电子导电。图2-2 示出了载流子浓度与电阻率的关系。

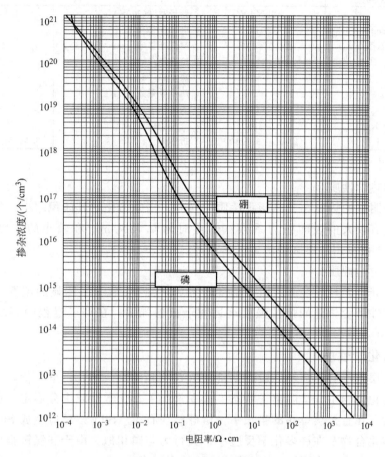

图 2-2 载流子浓度与电阻率的关系

2.2 硅的物理化学性质

2.2.1 硅的物理性质

硅在元素周期表中处于第三周期ⅣA族，是第 14 号元素。硅原子的最外电子层按 $3s^2 3p^2$ 排列，因此与其他元素化合时特征价态为 4 价。在常温下，固态硅以无定形和结晶形两种形态存在，无定形硅的原子无序不规则排列，晶体硅显银灰色，有金属光泽，硬而脆，具有金刚石晶体结构，固体的体积比液体高出 9% 左右。表 2-1 列出了晶体硅的部分物理性质。

（1）硅的光学性质

硅在常温下的禁带宽度为 1.12eV，对光的吸收处于红外波段。虽然硅在可见光谱范围是不透明的，但可透过近红外光谱频率的光线。它是一种具有高折射率和高反射率的材料，因此，硅被广泛应用于制作接近红外光谱频率的光学元件、红外及 γ 射线的探测器、太阳能电池等方面。

表 2-1 晶体硅的部分物理性质

相对原子质量	28.86	晶格常数/nm	0.542
原子密度/cm^{-3}	4.99×10^{22}	禁带宽度(300K)/eV	1.115 ± 0.008
密度(固态)/(g/cm^3)	2.33	电子迁移率/[cm^2/(V·s)]	1350 ± 100
本征载流子浓度/(个/cm^3)	1.5×10^{10}	空穴迁移率/[cm^2/(V·s)]	480 ± 15
单晶本征电阻率/Ω·cm	2.3×10^5	熔解热/(kcal/mol)	12.1
介电常数	11.7 ± 0.2	蒸发热/(kcal/mol)	71
熔点/℃	1416 ± 4	热传导系数/(cal/s)	0.3
沸点/℃	3145	表面张力/(dyn/cm)	720
比热容/[cal/(g·K)]①	0.219	硬度(莫氏硬度)	7.0
线性热膨胀系数/K^{-1}	$(2.6 \pm 0.3) \times 10^{-6}$	折射率	3.42(与射光频率有关)

① 1cal=4.18J，1dyn=10^{-5}N，下同。

（2）硅的热学性质

硅是具有明显的热传导及热膨胀性质的材料。当硅熔化时其体积缩小，凝固时体积膨胀。由于硅具有较大的表面张力系数（熔点时为 0.72N/m）和较小的密度（液态时为 2.533g/cm^3），可以用悬浮区熔法生长单晶体。

（3）硅的力学性质

在室温下硅是无延展性的，但在温度高于 800℃时，就有了明显的塑性，在应力的作用下会发生塑性形变。硅的抗拉强度远远大于抗剪强度，在加工过程中容易产生弯曲和翘曲。

2.2.2 硅的化学性质

硅的最外层电子有 4 个，一般以共价键形式与其他原子结合，呈 4 价，其电负性较金属高。在某些化合物中硅呈阴离子状态。硅在常温下其化学性质十分稳定，但在高温时化学性质很活泼，在直拉硅单晶的生长中，熔硅能与石英（SiO_2）反应生成 SiO。

硅的许多化合物及在许多化学反应中，其行为与磷相似。由于硅氧键很稳定，在自然界中硅无游离态存在，主要以 SiO_2 及硅酸盐的形式存在。

硅与卤素化合，生成 SiX_4 型的化合物。如 $Si + 2Cl_2 = SiCl_4$。

硅在 400℃温度下与氧反应生成 SiO_2。

硅在 1000℃以上与氮反应，生成 Si_3N_4。

晶体硅在常温下很稳定，不溶于所有的酸（包括氢氟酸）。但能溶于硝酸与氢氟酸的混合溶液中，其综合反应如下：

$$Si + 4HNO_3 + 6HF = H_2SiF_6 + 4NO_2 \uparrow + 4H_2O$$

$$3Si + 4HNO_3 + 18HF = 3H_2SiF_6 + 4NO \uparrow + 8H_2O$$

硅和烧碱反应生成偏硅酸钠和氢气，其反应式为：

$$Si + 2NaOH + H_2O = Na_2SiO_3 + 2H_2 \uparrow$$

硅在高温下，化学活泼性大增，与熔融的金属如 Mg、Cu、Fe 等化合生成硅化物。如 $TiSi_2$、WSi_2、$MoSi_2$ 等。这些硅化物具有良好的导电性、耐高温、抗电迁移等特性，常应用于集成电路的内部引线、电阻等元件。Mg_2Si 是用冶金级硅制取硅烷（SiH_4）过程中的一个重要的中间产物。

硅能与 Cu^{2+}、Pb^{2+}、Ag^+、Hg^+ 等金属离子发生置换反应，从这些金属离子的盐溶液中置换出金属。如硅能从铜盐（如硝酸铜或硫酸铜）溶液中将金属铜置换出来。

2.3 硅材料的纯度及多晶硅标准

2.3.1 物质纯度的表示方法

描述物质的纯度，有两种表示方法：一是以主体物占总体物质的百分比来表示；二是以某种杂质或某些杂质与总物质的比来表示，这种方法表示的是物质的不纯度。

（1）质量分数

$$纯度=\frac{总质量-杂质质量}{总质量}\times100\%$$

其中杂质质量可以是单一杂质质量也可以是多个杂质质量之和。如某种物质的纯度为99.9%，就指在这种物质中，减去指定分析的杂质后，其主体质量占总体质量的99.9%，而不考虑未指定分析的杂质质量。对99.9%这个数可简称为3个"9"，也可记为3N。其他数值可依此类推。

（2）物质的不纯度

$$不纯度=\frac{样品中杂质含量}{样品总量}$$

这个比值可以是质量比，也可以是体积比，也可以是原子个数比。如杂质不纯度为1/1000000 或记为1×10^{-6}即杂质含量为百万分之一，为表示简便，将百万分之一记为ppm。又如杂质不纯度为1/1000000000 或记为1×10^{-9}即杂质含量为十亿分之一，将十亿分之一记为ppb，将万亿分之一记为ppt。

在半导体材料的研究中，常用杂质与主体的原子数之比来表示不纯度，在符号后加"a"，如用ppma、ppba 来表示。若杂质与主体为质量比，在符号后加"w"，如用ppmw、ppbw 来表示。

2.3.2 硅材料的纯度及多晶硅标准

用于制作电子元件的电子级多晶硅，总金属杂质含量在ppba 数量级，对金属杂质含量而言，多晶硅的纯度高于9个"9"，单晶硅的纯度高于11个"9"；用于制作太阳能电池的太阳能级多晶硅的纯度目前一般认为需高于6个"9"。而一般的冶金级硅的纯度只有2~3个"9"。现将冶金级硅、电子级多晶硅标准分别列于表2-2和表2-3，太阳能级多晶硅目前在中国还处于报批之中，现将报批参数列于表2-4。

表 2-2 冶金级硅中的不纯物浓度

元素	浓度/ppma	元素	浓度/ppma
Al	1200~4000	Fe	1600~3000
B	37~45	Mn	70~80
P	27~30	Mo	<10
Ca	590	Ni	40~80
Cr	50~140	Ti	150~200
Cu	24~90	Zr	30

表 2-3　电子级多晶硅标准

项目	1级品	2级品	3级品	等外品
n 型电阻率/$\Omega \cdot cm$	$\geqslant 300(0.5ppba)$	$\geqslant 200$	$\geqslant 100$	
p 型电阻率/$\Omega \cdot cm$	$\geqslant 3000(0.08ppba)$	$\geqslant 2000$	$\geqslant 1000$	
碳浓度/($\times 10^{16}/cm^3$)	$\leqslant 1.5$	$\leqslant 2$	$\leqslant 2$	
n 型少子寿命/μs	$\geqslant 500$	$\geqslant 300$	$\geqslant 100$	

表 2-4　太阳能级多晶硅标准（报批稿）

项　目	1级	2级	3级
基磷电阻率(n 型电阻率)/$\Omega \cdot cm$	$\geqslant 50$	$\geqslant 15$	$\geqslant 10$
基硼电阻率(p 型电阻率)/$\Omega \cdot cm$	$\geqslant 500$	$\geqslant 200$	$\geqslant 100$
氧浓度/cm^{-3}	$\leqslant 1.0 \times 10^{17}$	$\leqslant 1.0 \times 10^{17}$	$\leqslant 1.0 \times 10^{17}$
碳浓度/cm^{-3}	$\leqslant 2.5 \times 10^{16}$	$\leqslant 5.0 \times 10^{16}$	$\leqslant 5.0 \times 10^{16}$
少子寿命/μs	$\geqslant 100$	$\geqslant 50$	$\geqslant 10$
基体金属杂质(TMI:Fe Cr Ni Cu Zn Ca Mg Al)/ppmw	$\leqslant 0.05$	$\leqslant 0.5$	$\leqslant 0.5$

本 章 小 结

（1）材料的分类

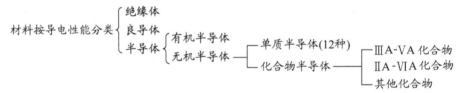

（2）半导体材料的共性

① 对热敏感，导电性能随温度变化而急剧变化。

② 与金属的导电机制不同。

③ 对光、压力、磁等敏感。

（3）硅的物理化学性质

① 物理性质

• 晶体硅呈银灰色、有金属光泽、硬而脆。

• 液态密度比固态密度大。

• 本征载流子浓度$=1.5 \times 10^{10}$个$/cm^3$；单晶本征电阻率$=2.3 \times 10^5 \Omega \cdot cm$；原子密度$=4.99 \times 10^{22} cm^{-3}$；密度（固态）$=2.33g/cm^3$；熔点$=(1416 \pm 4)$℃；禁带宽度（300K）$=(1.115 \pm 0.008)eV$；电子迁移率$=(1350 \pm 100)cm^2/(V \cdot s)$；空穴迁移率$=(480 \pm 15)cm^2/(V \cdot s)$；硬度（莫氏硬度）$=7.0$；折射率$=3.42$。

• 光学性质：常温下禁带宽度为$1.12eV$，对可见光不透明，可透过近红外。

• 液态的表面张力较大，密度较小，可进行悬浮区熔生产。

• 室温下无延展性，高温条件下有塑性。

② 硅的化学性质

• 正化合价为 4 价，一般以共价键形式与其他原子结合，呈 4 价，其电负性较金属高。

- 室温下化学性质不活泼，高温下能与多种物质发生反应。

常用的反应有

$$SiO_2 + Si \Longrightarrow 2SiO$$
$$Si + 4HNO_3 + 6HF \Longrightarrow H_2SiF_6 + 4NO_2\uparrow + 4H_2O$$
$$3Si + 4HNO_3 + 18HF \Longrightarrow 3H_2SiF_6 + 4NO\uparrow + 8H_2O$$
$$Si + 2NaOH + H_2O \Longrightarrow Na_2SiO_3 + 2H_2\uparrow$$

③ 材料纯度的表示方法

- 主体的百分比含量；
- 不纯物含量与主体之比，如 ppm、ppb 等。

习　题

2-1　半导体如何分类？

2-2　半导体有哪些特性？

2-3　硅有哪些物理性质？

2-4　硅有哪些化学性质？

2-5　物质的纯度有几种表示方法？

2-6　冶金级、太阳能电池级和电子元件级硅材料的纯度有何差异？

第3章 晶体几何学基础

3.1 晶体结构

自然界的固体物质，按其内部结构，即微粒的排列形式分为晶体和非晶体两大类。晶体的外表一般有整齐规则的几何形状，它的许多物理效应在不同的方向上是不同的，即各向异性。此外，晶体具有最小的内能、固定的熔点、结构和化学的稳定性等。

非晶体在外表上不能自然形成规则的多面体，它的物理性质是各向同性的。非晶体没有固定的熔点，在结构和化学的稳定性方面也不如晶体。图 3-1 示出晶体与非晶体的熔化曲线。

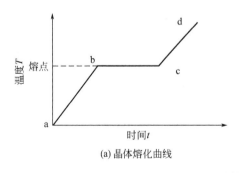
(a) 晶体熔化曲线

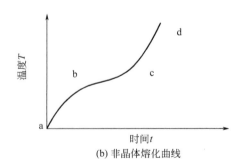
(b) 非晶体熔化曲线

图 3-1 晶体与非晶体的熔化曲线

绝大多数半导体材料都是晶体，一个理想的晶体就是在三维空间里由全同结构单元无间隙地、周期性地、重复而构成的。这种结构遍及整个晶体，就称为单晶体。由多个单晶体构成的晶体就称为多晶体，而只是短程有序或无序结构的称为非晶体。

由于晶体是由全同结构单元周期性地、无间隙地、重复而构成的，研究晶体只需研究它的一个结构单元就可以了，这种结构单元可以是最简结构，也可以不是最简结构，最简结构单元称为初基晶胞或原胞，非最简结构单元称为晶胞，晶胞也可以是原胞。如图 3-2 为体心立方和面心立方结构的晶胞及原胞。实线示出原胞，虚线示出晶胞。在物理学中一般取原胞，原胞只反映晶格的周期性，不反映晶格的对称性；结晶学一般取晶胞，晶胞既反映晶格的周期性，又反映晶格的对称性。硅晶体的原胞为四面体，晶胞为立方体。

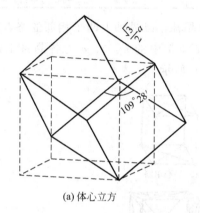 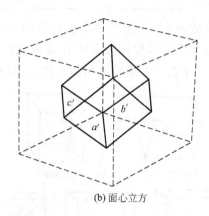

(a) 体心立方　　　　　　　　　　　　　　　(b) 面心立方

图 3-2　体心立方和面心立方结构的晶胞及原胞

由于晶体单元排列的无间隙性，晶体可能的对称轴为一重轴、二重轴、三重轴、四重轴和六重轴，不可能有五重轴和七重以上的对称轴。图 3-3 示出，由具有五重轴单元组成的结构，不可能在整个空间内无间隙。

从另外一个角度来讲，晶体是由原子、分子或离子在空间按一定规律排列组成的，这些粒子在空间排列具有周期性、对称性。相同的粒子在空间不同排列，晶体具有不同性质；不同的粒子相同的排列，晶体性质也不相同。为了研究晶体中原子、分子或离子的排列，把这些粒子的重心作为一个几何点，叫做格点，粒子的分布规律用格点来表示。晶体中有无限多个在空间按一定规律分布的格点，称为空间点阵（布拉维格子）。

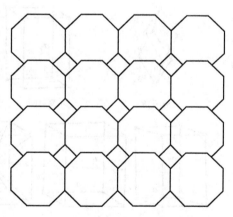

图 3-3　五重轴单元组成的结构

在空间点阵中，通过两个格点作一条直线，在这条直线上一定有无数个格点，这样的直线叫晶列，互相平行的晶列构成晶列族，一个晶列族包含晶体的全部格点。在空间点阵中，不同的三个晶列族分空间为无数格子，称为晶格。

通过不同一晶列的三个格点作一平面，在这个平面上必包含无数个格点，这样的平面叫做晶面。

通常把 14 种常见的空间点阵分为 7 个晶系，它们是三斜晶系、单斜晶系、正交晶系、四角晶系、立方晶系、三角晶系和六角晶系。现将它们的特征列于表 3-1 中，其相应的图形示于图 3-4（a）。

表 3-1 三维空间的 14 种点阵（布拉维格子）

晶系	点阵数目	点阵类型	对惯用晶胞的轴和角的限制
三斜	1	初基	$a \neq b \neq c, \alpha \neq \beta \neq \gamma$
单斜	2	初基、底心	$a \neq b \neq c, \alpha = \gamma = 90° \neq \beta$
正交	4	初基、底心、体心、面心	$a \neq b \neq c, \alpha = \beta = \gamma = 90°$
四角	2	初基、体心	$a = b \neq c, \alpha = \beta = \gamma = 90°$
立方	3	初基、体心、面心	$a = b = c, \alpha = \beta = \gamma = 90°$
三角	1	菱形	$a = b = c, \alpha = \beta = \gamma < 120°, \neq 90°$
六方	1	初基	$a = b \neq c, \alpha = \beta = 90°, \gamma = 120°$

在晶体中选三个互不平行的特定的晶列方向为晶轴，以晶轴上两个相邻的格点间的距离为单位，这个单位称为点阵常数或晶格常数。表 3-1 中的 a、b、c 为各晶系的点阵常数，α、β、γ 为三个晶轴之间的夹角。如图 3-4（b）所示。

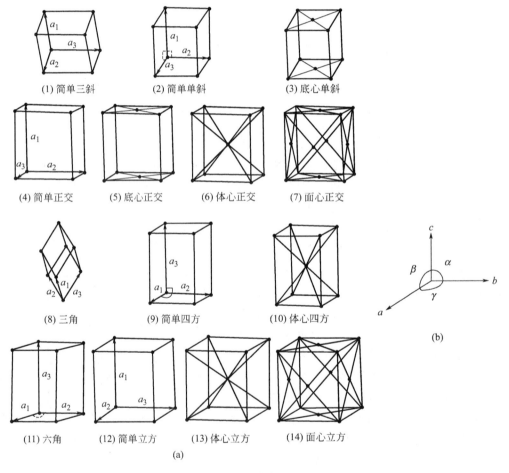

图 3-4 14 种布拉维格子

3.2 晶向指数

晶体的一个基本特点是具有方向性，沿晶格的不同方向晶体的性质是不同的。晶格中的结点在各个不同方向，都是严格按照平行直线排列的。这些平行直线把所有的结点包括无遗。且在一个平面中，相邻线之间的距离相等。此外，通过每一个结点可以有无限多条直线，每一直线都有一族平行直线与之对应，所以，有无限多族的平行直线。当然，晶格中的结点并不是在一个平面上，而是规则地排列在立体空间中，它们在空间沿不同方向按平行直线排列。晶体中每一个平行排列的直线方向，称为晶向。晶体中的不同方向就是利用晶向来区分的。而每一个方向（晶向），则用三个最小整数 u、v、w 来标志，记为 $[uvw]$。标志晶体的这组数据，称为晶向指数。

晶向指数 u、v、w 是这样确定的：该方向在三个晶轴上的分量以点阵常数为单位的最小整数比。

3.3 晶面指数

晶格中的结点不仅按照平行直线排列，而且还排列成一层层的平行平面，这些由结点组成的平面称为晶面。一个结点可以在不同方向上组成晶面，每组晶面构成一个晶面族。一族晶面不仅平行，而且等距。

为了描述晶面的方向，采用晶面指数。晶面指数又称为密勒指数。密勒指数是这样确定的：

① 找出晶面在三个晶轴上的以点阵常数为单位的截距；

② 取这些截距的倒数，然后化成与之具有同样比率的三个最小整数比 hkl，用圆括号括起来 (hkl)，(hkl) 就是密勒指数即晶面指数；

③ 如果晶面与某晶轴的截距为无穷大，相应的指数为 0；

④ 如果截距在原点的负侧，在相应的指数上加"—"号。

【例 1】 某一晶面，在三个晶轴上 a、b、c 的截距分别为 4，1，2，它们的倒数比为 $1/4 : 1 : 1/2$，与之具有同样比率的三个最小整数比为 $1 : 4 : 2$，(142) 就是这个晶面的密勒指数。

【例 2】 某一晶面，在三个晶轴上 a、b、c 的截距分别为 $1/2$，$-1/3$，1，它们的倒数比为 $2 : -3 : 1$，$(2\bar{3}1)$ 就是这个晶面的密勒指数。

在晶体中具有类似 (hkl) 指数的晶面有若干个，把这些晶面称为一族晶面，记为 $\{hkl\}$。如在立方晶系中 $\{100\}$ 晶面族，它包括 (100)、$(\bar{1}00)$、(010)、$(0\bar{1}0)$、(001)、$(00\bar{1})$ 各晶面。

3.4 立方晶体

半导体材料中，多数是立方晶体和六角晶体，而以立方晶体最多。下面对立方晶体的特性做一些介绍。

(1) 简单立方晶体

立方晶系又称等轴晶系，其晶胞的三个边长相等（即 $a=b=c$），并且相互正交（即 $\alpha=\beta=\gamma=90°$）。其中，简单立方晶体的原子在立方体的顶角上，晶胞的其他部分没有原子。这样的晶胞自然也是最小的重复单元，即为初基。每个原子为 8 个晶胞所共有，它对 1 个晶胞的贡献只有 $1/8$，而每个晶胞有 8 个原子在其顶点上，所以这 8 个原子对 1 个晶胞的贡献恰好是 1 个原子，晶胞的体积也就是 1 个原子所占有的空间的体积。

（2）体心立方晶体

除 8 个顶角都占有原子外，还有 1 个原子在立方体的中心，故称体心立方。显然，体心立方的晶胞有 2 个原子。

初看起来，顶角和体心上的原子周围情况似乎不同。实际上，从整个空间的晶格来看，完全可以把晶胞的顶点取在另一个晶胞的体心上。这样，体心就变成顶点，顶点也就变成体心。所以，在体心和顶角上原子周围的情况是一样的。事实上，可以把体心立方看成是由简单立方体套构而成，一个立方晶格的顶点取在另一个相邻立方晶格的对角线的 1/2 处，如图 3-5 所示。

（3）面心立方晶体

除了顶角上有原子外，在立方体的 6 个面的中心各有 1 个原子，故称面心立方。同体心立方的体心讨论相同，面心的原子和顶角的原子与周围的情况实际上是一样的。面心立方实际上也是由简单立方套构成的，如图 3-6 所示。

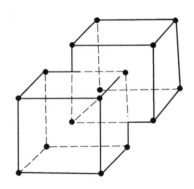

图 3-5　简单立方套构体心立方

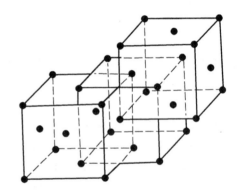

图 3-6　简单立方套构面心立方

面心立方每个面为相邻的晶胞所共有，于是每个面心原子只有 1/2 是属于 1 个晶胞的，6 个面心原子只有 3 个属于这个晶胞。因此，每个面心立方晶胞具有 4 个原子。

现将立方点阵的特征列于表 3-2。

表 3-2　立方点阵特征

项目	简单立方	体心立方	面心立方
惯用晶胞体积		a^3	a^3
每个晶胞含点阵数	1	2	4
初基晶胞体积	a^3	$\frac{1}{2}a^3$	$\frac{1}{4}a^3$
最近邻原子距离	a	$\frac{\sqrt{3}}{2}a$	$\frac{\sqrt{2}}{2}a$
堆积比率	$\frac{\pi}{6}$	$\frac{\sqrt{3}}{8}\pi$	$\frac{\sqrt{2}}{6}\pi$

图 3-7 示出立方晶系中几个常用的晶面和晶向。图 3-8 示出立方晶系中几个常用的晶面间的位置关系。

（4）晶面间距和晶面夹角

同族晶面 (hkl) 的两个相邻平行平面之间的距离 d 由下式求出：

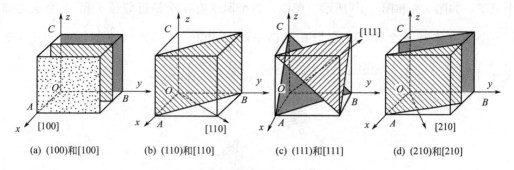

(a) (100)和[100]　　　(b) (110)和[110]　　　(c) (111)和[111]　　　(d) (210)和[210]

图 3-7　立方晶系中的几个晶面及晶向

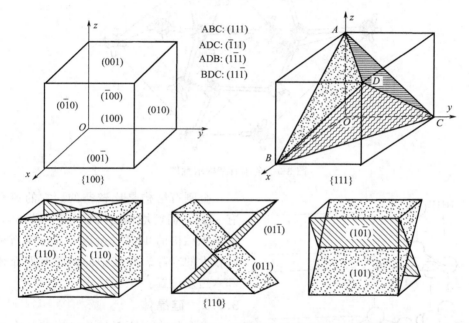

图 3-8　{100}、{111}、{110} 晶面族中各晶面间相互位置示意图

$$\frac{1}{d^2} = \frac{h^2 + k^2 + l^2}{a^2}$$

两个晶面 $(h_1 k_1 l_1)$、$(h_2 k_2 l_2)$ 的夹角 φ 由下式求出：

$$\cos\varphi = \frac{h_1 h_2 + k_1 k_2 + l_1 l_2}{\sqrt{(h_1^2 + k_1^2 + l_1^2)(h_2^2 + k_2^2 + l_2^2)}}$$

3.5　金刚石和硅晶体结构

3.5.1　金刚石结构

硅晶体为金刚石结构，它可以看成两个沿对角线方向错开 1/4 对角线距离的面心立方晶格构成，惯用的晶胞是一个立方体。初基晶胞是四面体型键连，四面体的每个顶角上有一个原子，如图 3-9 和图 3-10 所示。所以，每个原子有 4 个最近邻原子和 12 个次近邻原子。一个立方体有 8 个原子。它们在晶格中的位置为：(000)，$\left(\frac{1}{2}\frac{1}{2}0\right)$，$\left(\frac{1}{2}0\frac{1}{2}\right)$，$\left(0\frac{1}{2}\frac{1}{2}\right)$和$\left(\frac{1}{4}\frac{1}{4}\frac{1}{4}\right)$，$\left(\frac{3}{4}\frac{3}{4}\frac{1}{4}\right)$，$\left(\frac{3}{4}\frac{1}{4}\frac{3}{4}\right)$，$\left(\frac{1}{4}\frac{3}{4}\frac{3}{4}\right)$。

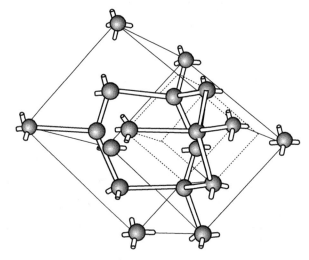

图 3-9　金刚石结构示意图

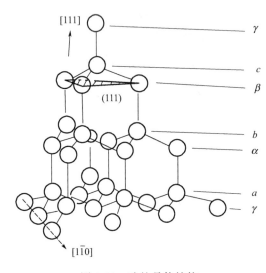

图 3-10　硅的晶体结构

金刚石结构是比较空的，它的填充率只有 34%，而密堆积结构填充率为 74%，仅为密堆积结构的 46%。所以，在金刚石结构中有较大的空隙。在硅中的间隙有四面体位置和六边形位置。

3.5.2　硅晶体

硅晶体为金刚石结构，当然具有金刚石结构晶体的共性，此外也具有一些本身的特性。下面将介绍一些有关硅的特性。

（1）硅原子

硅原子和其他元素的原子一样，由原子核和核外电子组成。在原子物理理论中，有以下规律：一是能量的量子化；二是系统能量最低原理；三是泡利不相容原理。按以上规律，硅原子中的 14 个电子的分布应为 $1s^2 2s^2 2p^6 3s^2 3p^2$，最外层电子的排布决定了硅原子的化合价应为 4 和 2。硅除有三种稳定性同位素 ^{28}Si、^{29}Si、^{30}Si 外，还有三种不稳定的同位素 ^{27}Si（β^+，半衰期 5.4s）、^{31}Si（β^-，半衰期 2.65h）、^{32}Si（β^-，长半衰期）。

（2）硅中的化学键

硅晶体为典型的共价键结合。共价键结合有两个特点：一是饱和性；二是方向性。饱和性就是遵循泡利不相容原理，在每一个轨道上只能容纳两个自旋方向相反的电子，硅的 $3s^2 3p^2$ 电子若按图 3-11 排布，两个 s 电子已经配对，不能与其他原子的电子配对形成共价键，只有两个 p 电子才能与其他原子的电子配对形成共价键，硅的化合价应为 2 价。但事实上硅的化合价为 4 价，这可通过电子轨道杂化得到解释。杂化后，最外层电子排布为 $3s^1 3p^3$，如图 3-12 所示。最外层 4 个电子都未配对，都可以形成共价键。就其方向性而言，轨道杂化后，每个电子都含有 1/4 的 s 成分和 3/4 的 p 成分，它们的性质是等同的，在结合时 4 个硅原子分别处在正四面体的 4 个顶角上，它们之间的夹角为 109°28′。

图 3-11　轨道杂化前　　　　　　　　　　　图 3-12　轨道杂化后

硅晶体的半导体性质来源于它的结构，它的所有的价电子都被束缚在共价键上，没有自由电子，不导电。只有受到激发后，部分价电子脱离共价键成为自由电子，才具有导电性能。激发的电子越多，导电性越强。这就是半导体导电的特性。

（3）面间距、面密度和键密度

在晶体的同一族晶面中，相邻两晶面间的距离称为面间距。在晶面中单位面积中的原子数称为面密度。单位面积中的化学键数称为键密度。键密度越大，结合力越强。由于晶体中原子密度是一定的，所以面间距大的晶面面密度就大。表 3-3 列出硅晶体中几个主要晶面的面间距、面密度和键密度。

表 3-3　硅晶体中几个主要晶面的面间距、面密度和键密度

晶面	(100)	(110)	(111)
面间距/Å	$\frac{1}{4}a=1.36$	$\frac{\sqrt{2}}{4}a=1.92$	大 $\frac{\sqrt{3}}{4}a=2.35$　小 $\frac{\sqrt{3}}{12}a=0.78$（整合为 2.06）
面密度/a^{-2}	2	2.83	2.31（整合为 2.89）
键密度/a^{-2}	4	2.83	2.31

注：1Å＝0.1nm，下同。a 为晶格常数。

从图 3-10 可以看出（111）面具有大小不同的面间距，整合后为 2.06Å，整合后的面密度为 $\frac{5}{\sqrt{3}}=2.89\ a^{-2}$。从表 3-3 中可知：

面间距和面密度　（111）＞（110）＞（100）

键密度　（100）＞（110）＞（111）

（112）晶面的键密度为 $2.86a^{-2}$，与（110）接近。

（4）各向异性

晶体的机械、物理、化学及电学性质都是各向异性的，因此许多器件制作工艺对所用的衬底材料的晶向都有特定的要求。晶体的各向异性源于晶面组成的不同。下面将讨论在器件制作中硅晶体呈现出的各向异性。

① 溶解和生长速率的不同　由于不同晶面的键密度不同，表面的悬挂键密度也就不同，因而表现为溶解速率即腐蚀速率的不同。随着表面悬挂键密度的增加，腐蚀速率增

大。例如，在水-硝酸铜-氟化铵溶液中，<100>、<110>和<111>晶向的腐蚀速率分别为 $11.1\mu m/h$、$7.0\mu m/h$ 和 $0.7\mu m/h$；又如，在以氢作载气含 5% HCl 气氛中进行气相腐蚀，它们的腐蚀速率分别为 $3.4\mu m/h$、$3.0\mu m/h$ 和 $1.5\mu m/h$。

晶体的生长速率也是各向异性的。一般说来，生长最慢的晶向垂直于密排面的方向。因为密排面具有最低的表面能，较易在界面上发育。因此，硅的习性将呈现为由 8 个（111）面围成的八面体。在自由生长的状态下（无任何强制），<100>晶向生长速率最大，而<111>晶向生长速率最小。

② 力学性能的各向异性 {111} 晶面族具有最大的原子密度和最大的弹性模量，但它的面间距最大，力学性能比较脆弱，因此，硅晶体最易沿 {111} 晶面族解理。{110} 晶面族具有第二大的原子密度，为第二解理面，常被选为划片方向。

③ 热氧化速率的各向异性 SiO_2 膜的制取是器件生产的最基础的工艺之一，实践证明 SiO_2 在（111）硅片上的生长速率显著大于（100）硅片。氧化速率与晶向的依赖关系可以用硅片的表面态来解释。一般认为，表面态与悬挂键、界面杂质和缺陷密度有关。悬挂键是指硅表面处原子的不饱和键，与面密度有关。悬挂键既可与晶体体内原子交换电子，也可与外界交换电子，因此不同的晶面便有不同的氧化速率。在硅晶体中氧化速率的顺序为（111）＞（110）＞（100）。

3.6 倒格子

倒格子又称倒点阵，它也可由三个在不同晶面上交于一点的三个基本矢量 a^*、b^*、c^* 来描述。设 a、b、c 为布拉维格子的三个基矢，它的定义为：

$$a^* = \frac{2\pi(b\times c)}{\Omega}; \quad b^* = \frac{2\pi(c\times a)}{\Omega}; \quad c^* = \frac{2\pi(a\times b)}{\Omega}$$

式中，Ω 为布拉维格子原胞的体积。

从定义可以看出，它与正格矢量 a、b、c 的关系为：

$a^* \cdot b = a^* \cdot c = b^* \cdot a = b^* \cdot c = c^* \cdot a = c^* \cdot b = 0$

$a^* \cdot a = b^* \cdot b = c^* \cdot c = 2\pi$

即 $a^* \perp b, c$；$b^* \perp c, a$；$c^* \perp a, b$

$a^* // a$；$b^* // b$；$c^* // c$

对立方晶系而言，因 a、b、c 相互垂直，则有

$$a^* = \frac{2\pi}{a}; \quad b^* = \frac{2\pi}{b}; \quad c^* = \frac{2\pi}{c}$$

从上式看出，倒格子与布拉维格子相比，并不是格子倒了而是量纲倒了。

利用公式 $\vec{A}\times(\vec{B}\times\vec{C}) = (\vec{A}\cdot\vec{C})\vec{B} - (\vec{A}\cdot\vec{B})\vec{C}$ 可计算出倒格子原胞体积（Ω^*）与布拉维格子原胞体积（Ω）成反比，且

$$\Omega^* = \frac{(2\pi)^3}{\Omega}$$

应用倒格子能使晶体学中许多繁复的计算问题变得方便，如对解释和处理 X 射线、电子在晶格中的运动等固体物理学问题更有帮助。

本 章 小 结

（1）晶体的性质

有一定的几何形状，各向异性，有确定的熔点等。

（2）晶体结构

① 由全同的单元无间隙地重复排列而成。

② 原胞是最简单元，只反映晶体的周期性，晶胞可以不是最简单元，既反映晶体的周期性，也反映晶体的对称性。

③ 对称性：晶体中没有五重对称轴，也没有七重及更多重的对称轴。

（3）晶向指数与晶面指数

晶向指数是用该方向在三个晶轴上的分量的最小整数比来确定的，晶面指数是用该晶面与三个晶轴相截的截距的倒数的最小整数比来确定的。

（4）立方晶体

① 立方晶体中常用晶面之间的相对关系：

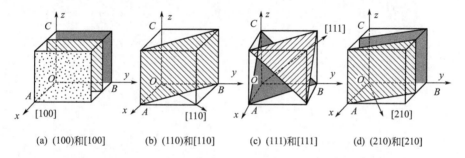

(a) (100)和[100]　　(b) (110)和[110]　　(c) (111)和[111]　　(d) (210)和[210]

② 面间距 d 和晶面夹角 φ 由以下公式计算：

$$\frac{1}{d^2} = \frac{h^2 + k^2 + l^2}{a^2}$$

$$\cos\varphi = \frac{h_1 h_2 + k_1 k_2 + l_1 l_2}{\sqrt{(h_1^2 + k_1^2 + l_1^2)(h_2^2 + k_2^2 + l_2^2)}}$$

（5）金刚石结构

金刚石结构为两个面心立方套构而成，金刚石结构的填充率是较低的，间隙较大。

（6）硅晶体

① 硅的 4 价共价键是轨道杂化而成的。

② 相邻两晶面间的距离称为面间距。在晶面中单位面积中的原子数称为面密度。单位面积中的化学键数称为键密度。

③ 硅晶体的各向异性在器件工艺中的呈现。

- 各面上溶解和生长速率不同；
- 各面上力学性能不同，{111} 晶面族为解理面，{110} 晶面族为次解理面；
- 各面上热氧化速率不同，与表面悬挂键有关。

（7）倒格子

定义：$a^* = \dfrac{2\pi(b \times c)}{\Omega}$； $b^* = \dfrac{2\pi(c \times a)}{\Omega}$； $c^* = \dfrac{2\pi(a \times b)}{\Omega}$

倒格子基矢量与正格子基矢量之间满足以下关系：

$$a^* \cdot b = a^* \cdot c = b^* \cdot a = b^* \cdot c = c^* \cdot a = c^* \cdot b = 0$$
$$a^* \cdot a = b^* \cdot b = c^* \cdot c = 2\pi$$

习　题

3-1　什么是晶胞？什么是初基晶胞？

3-2　点阵、晶列、晶面和晶格的含义是什么？

3-3　简述 14 种点阵的特征。

3-4　如何确定晶面的晶面指数？

3-5　如何确定晶向的晶向指数？

3-6　简述立方点阵的特征。

3-7　简述金刚石结构的特征。

3-8　什么是倒格子？

第4章 晶 体 缺 陷

学习目标

① 掌握晶体缺陷的分类。

② 掌握各种晶体缺陷的特征。

前面描述的晶体，其原子是无间隙的、周期性的、有规则性排列的。但在自然界中的晶体不会有那么完美的结构，晶格排列中的任何不规则的地方，就是晶格缺陷。晶格缺陷对半导体材料的性能有很大的影响。如何减少晶体中的缺陷，是一直被关注的课题。晶格缺陷有点缺陷、线缺陷、面缺陷和体缺陷。图 4-1 中示出了各种缺陷在晶体中的形态。

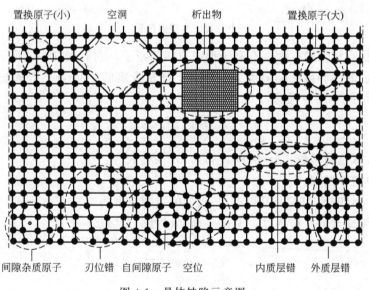

图 4-1 晶体缺陷示意图

4.1 点缺陷

点缺陷有由本质原子产生的自间隙原子和空位，有由杂质原子产生的间隙原子和替位原子。

（1）自间隙原子和空位

在晶体中总是有少部分原子会脱离正常的晶格点，而跑到晶格间隙中，成为自间隙原子。这种作用使得原先的晶格点没有任何原子占据，成为晶格的空位。这样一对自间隙原子与空位，被称为弗伦克尔（Frankel）缺陷，如图 4-2（a）所示。当晶格原子扩散到晶体最外层时，就使得晶格中仅残留空位而没有自间隙原子，这种缺陷称为肖特基（Schottky）缺陷，如图 4-2（b）所示。这类的缺陷存在于晶体中的浓度，主要与晶体的热历史有关。它们能与其他缺陷相互作用，影响半导体的性质。

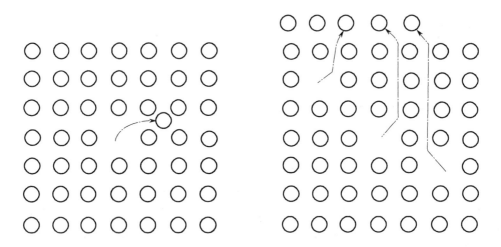

(a) Frankel 缺陷；   (b) Schottky 缺陷

图 4-2　本质点缺陷

金刚石晶格有较大的空隙，有利于形成自间隙原子，它们在硅中的饱和浓度尚无公认的数据，但它们的饱和浓度随温度的下降而下降是肯定的。Master 等提出：硅中空位的平衡浓度 C_V 可由式(4-1)估算。

$$C_V \approx 1000 e^{-\frac{3.66eV}{kT}} \tag{4-1}$$

式中　k——玻耳兹曼常数，$k=0.861735\times10^{-4}\,\text{eV/K}$；

　　　T——热力学温度。

在硅熔点（1693K）时，由式(4-1)得硅的空隙浓度为 $1.3\times10^{-8}\,\text{cm}^{-3}$。

对于自间隙原子的平衡浓度，Seeger 等提出可由式(4-2)估算。

$$C_I = f_1 e^{\frac{S_I^F}{k} - \frac{H_I^F}{kT}} \tag{4-2}$$

式中　$f_1=1$，$S_I^F=1.00k$，$H_I^F=2.59\text{eV}$（在温度为 570K 时）

　　　　　$S_I^F=5.02k$，$H_I^F=2.90\text{eV}$（在温度为 1320K 时）

　　　　　$S_I^F=6.11k$，$H_I^F=3.04\text{eV}$（在温度为 1658K 时）

在硅熔点（1693K）时，由式(4-2)得硅的自间隙原子浓度为 $4.0\times10^{-7}\,\text{cm}^{-3}$。

这两种点缺陷都有很高的扩散率。空位的扩散系数可由式(4-3)表示

$$D_V \approx 10 e^{-\frac{1.47eV}{kT}} \tag{4-3}$$

自间隙原子的扩散系数可由式(4-4)表示

$$D_I = f_2 e^{\frac{S_I^M}{k} - \frac{H_I^M}{kT}} \tag{4-4}$$

式中 $f_2 = 4.2 \times 10^{-3}$，$S_I^M = 1.00k$，$H_I^M = 1.50 \text{eV}$（在温度为 570K 时）

$S_I^M = 5.69k$，$H_I^M = 1.86 \text{eV}$（在温度为 1320K 时）

$S_I^M = 6.96k$，$H_I^M = 2.02 \text{eV}$（在温度为 1658K 时）

依据式(4-1)～式(4-4)计算出硅中空位和自间隙原子浓度及扩散系数列于表 4-1。

表 4-1　硅中空位和自间隙原子浓度及扩散系数

温度/K	空位		自间隙原子	
	C_V/cm^{-3}	$D_V/(\text{cm}^2/\text{s})$	C_I/cm^{-3}	$D_I/(\text{cm}^2/\text{s})$
1693	1.3×10^{-8}	4.2×10^{-4}	4.0×10^{-7}	4.3×10^{-6}
1500	5.0×10^{-10}	1.2×10^{-4}	2.7×10^{-8}	7.2×10^{-7}
1300	6.5×10^{-12}	2.0×10^{-5}	8.6×10^{-10}	7.6×10^{-8}
1100	1.7×10^{-14}	1.8×10^{-6}	7.8×10^{-12}	3.7×10^{-9}

表 4-1 中所列数据不一定精确，但可得到定性结论。自间隙原子浓度高于空隙浓度，空隙扩散系数高于自间隙原子扩散系数，它们均随温度的下降而下降。

（2）杂质原子产生的点缺陷

杂质原子在硅中可能形成间隙原子，也可能形成替位原子。如氧原子，在硅中主要占据间隙位置。特意掺入的 B、Al、Ga、P、As 等杂质，则为替位原子，它们在硅中占据晶格格点位置。那些原子半径较硅原子半径大的原子使晶格膨胀，而那些原子半径比硅原子半径小的则使晶格收缩，造成晶格缺陷。

杂质在硅中能容纳的最大数目是特定的，能容纳的最大数目称为杂质在硅中的固溶度，它与杂质的种类及温度有关。杂质元素在晶体中的固溶度还与以下因素有关：原子大小、电化学效应、相对价位效应。以原子大小而言，杂质原子半径与母体原子半径相差 15%以上时，固溶度通常相当低。影响固溶度的主要原因则是电化学与价位效应。如锗在硅中取代硅原子与临近的硅原子形成很强的键连，所以硅和锗可以以任何比率互溶。ⅢA、

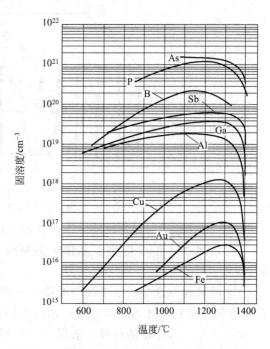

图 4-3　杂质在硅中的固溶度与温度的关系

ⅤA 族元素，为一般影响电性能的杂质，它们是替位元素，具有相当大的固溶度。至于过渡金属（如 Fe、Co、Ni）及ⅠB 族元素（如 Cu、Ag、Au），在硅中造成较大的应力与晶格畸变，固溶度就较小。固溶度随温度的变化情况示于图 4-3。我们可以看到，固溶度随温度的增加而增加，但当温度接近熔点时，固溶度急剧下降。

4.2 线缺陷

当晶体中的晶格缺陷是沿着一条直线对称时，这种缺陷就称为位错。当施加外力（如拉应力、压应力或剪应力）在一晶体上时，依据外力的大小，晶体会产生弹性或塑性形变。在弹性形变范围内，当外力移去时，晶体会回到原来的状态，但当外力超过晶体的弹性限度时，晶体会产生塑性形变，导致位错的产生。位错是线缺陷，有刃位错、螺旋位错和位错环。

（1）刃位错

为了了解刃位错的几何形状，最方便的方法是先考虑它的形成机制。以一个简单的立方结构为例，沿着晶体的平面 $ABCD$ 切开，接着施以剪应力 τ，那么平面 $ABCD$ 上方的晶格会相对于下方的晶格向左滑移一原子间隔距离 b。这样的滑移过程，左半边表面的原子并没有往左滑移，因此平面 $ABCD$ 上方的晶格会被挤出一个额外的半平面 $EFGH$，也就是说晶体的上半部比下半部多了一个平面的原子，如图 4-4 所示。而这种形式的晶格缺陷即为一刃位错。

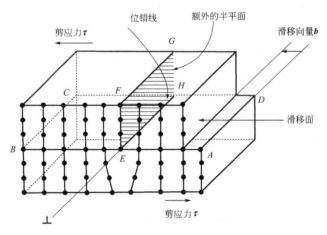

图 4-4　刃位错

为了更好地了解晶体缺陷，下面介绍几个概念。

① 位错线　沿着终止于晶体中的额外半平面的边缘的直线为位错线，如图 4-4 中的 EH。

② 滑移面　这是由位错线与滑移向量所定义的平面，假如位错的运动是沿着滑移向量的方向，就称这种运动为滑移，如图 4-4 中的 $ABCD$ 面，即为滑移面。

③ 符号　刃位错的符号一般以"⊥"表示。当符号朝上，原子的额外的半平面在位于滑移面的上方，这种刃位错称为正刃位错，当符号朝下，原子的额外的半平面在位于滑移面的下方，这种刃位错称为负刃位错。

④ 滑移向量　滑移向量一般称为布格向量，这个向量的符号以 b 表示，这个向量可以表示位错的方向与滑移量的大小。

⑤ 滑移系　在施加剪应力的情况下，位错在其本身的滑移面上是很容易滑移的，图 4-5 显示一刃位错的起源及滑移到右边而消失的过程。所谓滑移系包含了滑移方向及

滑移面。在晶体中优先的滑移方向总是具有最短的晶格向量，也就是说，滑移方向几乎完全由晶格结构所决定。最容易滑移的平面通常为原子最密堆积的平面。对金刚石结构而言，滑移系统为{111}<100>。

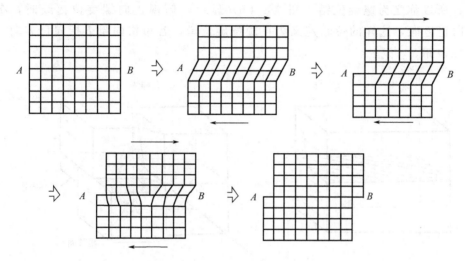

图 4-5 刃位错的起源及滑移到右边消失的过程

⑥ 爬升 前面提过位错沿着布格向量的运动称为滑移。而位错垂直于布格向量的运动则称为爬升。如图 4-4 中不难理解到位错线垂直于滑移向量的运动，会引起额外半平面变小或变大。图 4-6 显示额外半平面变小的例子，晶格空位移到额外半平面原子的底部，使得位错线往上移动一个晶格向量的距离。当位错的运动需要借助原子及晶格空位运动时，称为非守恒运动，所以爬升是一种非守恒运动，而滑移是一种守恒运动。当爬升引起额外半平面尺寸减小时称为正爬升，当爬升引起额外半平面变大时称为负爬升。正爬升导致晶格空位的消失，负爬升则导致晶格空位的产生。由于爬升须借助晶格空位的运动，所以比滑移需要更多的能量，也就是说，爬升需要在高温或应力下产生，通常压应力导致正爬升的发生，而拉应力引起负爬升的发生。

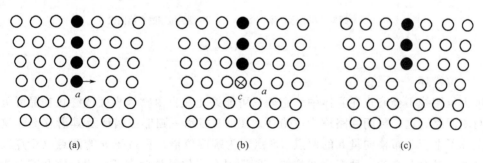

图 4-6 刃位错的爬升

（2）螺旋位错

位错的第二种基本形态，称为螺旋位错。假设施加剪应力在一简单立方晶体上，如图 4-7(a)所示，这剪应力将引起晶格平面被撕裂，就如同一张纸被撕裂一半似的，如图 4-7(b)所示。图中上半部的晶格相对于下半部的晶格在滑移平面上移动了固定的滑移向量，形成位错。从图 4-7 中不难了解为什么这种位错形态称之为螺旋位错。螺旋位错线是位于晶格偏移部分的边界，而平行于滑移向量。图 4-8（a）显示一具有螺旋位错的圆柱体，图中垂直于轴方向的平面在撕裂而移动一距离 **b** 之后，就形成一如螺纹的形状，所以称之为螺旋位错。图 4-8（b）显示一俯视正向螺旋位错线时，布格向量 **b** 指向正方向，这样的位错定义为正旋螺旋位错，若布格向量 **b** 指向负方向，则为负旋螺旋位错。

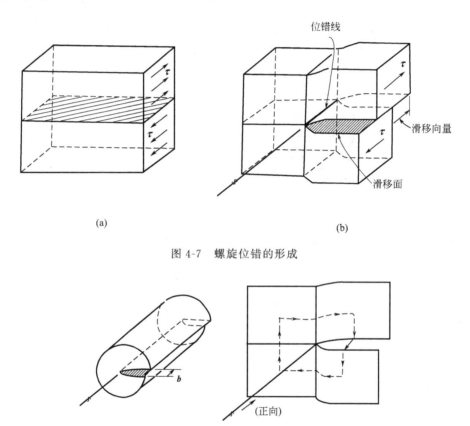

(a)　　　　　　　　　　　　　　　　　　(b)

图 4-7　螺旋位错的形成

(a) 一具有螺旋位错的圆柱体　　　(b) 螺旋位错的布格向量

图 4-8　螺旋位错

（3）位错环

因为位错线不会终止在晶体中，它们只可能终止在自由物体表面或终止在晶界处或形成一封闭回路，这个封闭回路称为位错环。图 4-9 显示一圆形位错环及其滑移面，这种位错线上除了平行于布格向量 **b** 的两点（S 点）为螺旋位错，垂直于 **b** 的两点（E 点）为刃位错之外，其余各点为一种混合式位错。所谓混合式位错是含有部分刃位错及部分螺旋位错的位错，也就是说布格向量 **b** 与位错线成任意角度。

在实际晶体中可能存在很多的本质点缺陷，这些点缺陷可能聚集在一起形成圆盘状。一旦圆盘直径过大时，圆盘面的部分可能结合形成位错环。当位错环是由晶格空位形成的称为本质位错环，如图 4-10 所示。当位错环是由间隙原子聚集形成的称为外质位错环，如图 4-11 所示。

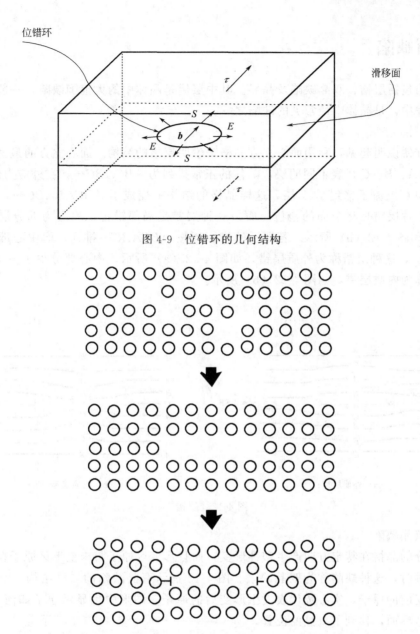

图 4-9 位错环的几何结构

图 4-10 本质位错环的形成

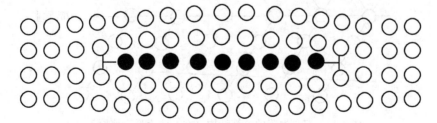

图 4-11 外质位错环的形成

4.3 面缺陷

面缺陷包括层错、双晶缺陷及晶界。其中层错是晶体中的大范围缺陷，一般发生在外延工艺过程中，是晶体中最常见的缺陷之一。

（1）层错

为了方便说明起见，利用面心立方晶格来说明层错的结构。面心立方的最密堆积面为 {111}，以 A、B、C 代表不同的层，晶体的正常排列为 ABCABC…，在外应力的作用下，其中一层如 C 层原子移到了 A 层，这样晶格的结构就变成了 ABCABABC…，这就产生了层错。这种层错是整个面的错位，而另一种层错是局部错排，称之为部分层错，如图 4-12（a）和图 4-12（b）所示。若原子的堆积层按 ABCABC…排列，而中心部分插入了一 A 层原子，这种层错称为外质层错，如图 4-12（a）所示。中心部分少了一 C 层原子，这种层错称为内质层错，如图 4-12（b）所示。

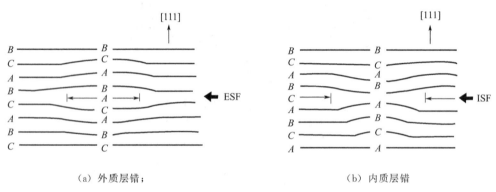

（a）外质层错；　　　　　　　　　　　　（b）内质层错

图 4-12　层错

（2）双晶缺陷

当部分的晶格在特定方向产生塑性形变，而且形变区原子与未变形区原子在交界处仍是紧密接触时，这种缺陷称为双晶缺陷。图 4-13 显示双晶缺陷的二维结构，空心圆圈代表发生形变前的原子，实心圆代表发生形变后的原子，图形中也显示原子如何借剪应力，平行于双晶界面，移到了双晶的位置。

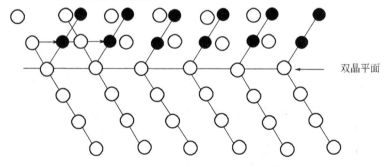

图 4-13　双晶缺陷的二维结构（空心圆为形变前原子，实心圆为形变后原子）

（3）晶界

晶界是两个或多个不同结晶方向的单晶交界处，晶界可以是弯曲的，但在热平衡下，为了减少晶界面的能量，它通常是平面状的。图 4-14 显示一小角度晶界，它含有许多刃位错。这些刃位错可能是出现在晶体生长的某阶段中，刃位错借着滑移及爬升，而形成小角度晶界。当晶界的倾斜角较大（大于 10° 或 15°）时，位错结构便失去其物理意义，单晶也就变成了多晶。

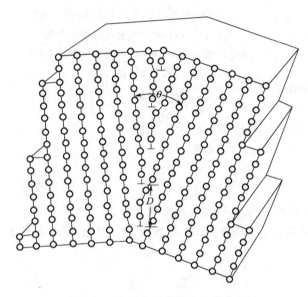

图 4-14　在小角度晶界内的刃位错

4.4　体缺陷

晶体中的体缺陷有空隙及不纯物聚合缺陷等。

（1）空隙

硅晶体中空隙主要是过饱和的晶格空位聚集在一起形成的，它的大小约在 $1\mu m$ 以下。在硅晶体中也可能存在大于 $100\mu m$ 甚至于 $1000\mu m$ 的空隙，这种较大的空隙可能是晶体生长过程中产生的气泡。空隙的发生与晶体生长速率、熔液的黏滞性及晶体的转速等因素有关。由于硅晶体的优先生长习性是以一个 [111] 晶面为边界面的八面体，所以由过饱和的晶格空位所形成的空隙就是个八面体。

（2）析出物

当不纯物的浓度超过特定温度的溶解度时，即可能以硅化合物的形态析出。析出物发生的步骤包括：成核、成长。成核必须借助其他缺陷（如点缺陷、位错等）而产生的称为异质成核，而成核是随机性均匀发生的称为同质成核。由于异质成核所需要的能量较低，所以异质核较常见。在成核后析出物会由小渐渐增大，事实上析出物有一临界大小。只有大于临界值的析出物才会稳定成长变大，小于临界值的析出物可能会再度消失。析出物的析出速率与温度、不纯物的浓度、不纯物的扩散系数有关。

本 章 小 结

① 晶体缺陷：

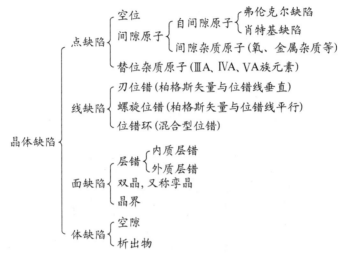

② 固溶度与原子大小、电化学性质和价位有关。

③ 位错可滑移和攀升，不能终止在晶体内部，只能终止在界面或在晶体内部形成环状。

习 题

晶体中有哪些缺陷？它们有什么特征？

第5章 能带理论基础

学习目标

① 掌握电子的共有化运动。
② 了解各种杂质能级在能带中的分布及深、浅能级的特征。
③ 了解各种缺陷能级的特征。
④ 了解直接能隙和间接能隙的特性。
⑤ 掌握热平衡下载流子的特征。
⑥ 理解费米分布函数。

5.1 能带理论的引入

半导体材料的物理性质与电子和空穴的行为有密切的关系，即从其占据空间的范围来讲，半导体材料的物理性质是建立在能带理论上的。而能带理论又是从原子理论发展起来的。就单个原子来说，原子是由原子核和核外电子组成的，电子围绕原子核作着特定的运动。电子的每个运动状态，称为量子态，每个量子态中，电子的能量是一定的，这种量子化的能量称为能级。电子的轨道可分为 1s2s2p3s3p3d…，这些轨道对应着不同的电子能级，而且，每个能级上只能容纳两个自旋方向相反的电子。如图 5-1 所示，靠近原子核的电子受的束缚强，能级低，远离原子核的电子受的束缚较弱，能级就高。电子只能在这些分裂的能级上运动或从一个能级跃迁到另一个能级，当电子从高能级跃迁到低能级时，电子要放出能量，而当电子得到一足够的能量（相邻两电子态的能量差）时，电子就能从低能级跃迁到高能级。

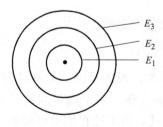

图 5-1 $E_1 < E_2 < E_3$

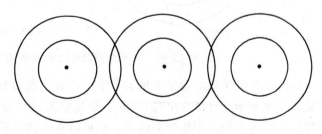

图 5-2 原子组成晶体时电子壳层重叠

绝大部分的半导体材料是晶体，其原子在三维空间上周期性地排列，相邻原子间的距

离只有 10^{-10} m 数量级，原子核周围的电子就会发生相互作用。如图 5-2 所示，电子壳层发生重叠，最外层重叠较多，内壳重叠较少。由于晶体原子的内壳基本没有重叠，电子依然围绕原子核运动，而外壳发生能级重叠，电子不再局限于一个原子，而可从一个原子壳层转到相邻的原子壳层，并且还可以从邻近的原子转移到更远的原子上去。这样一来，电子便可以在整个晶体中运动，为晶体内所有原子共有，这种现象称为电子共有化。

一般来讲，晶体中的电子兼有原子运动和共有化运动。但是，原子的内外层电子，由于轨道交叠情况不同，只有最外层电子的共有化特征才是显著的，而内层电子的情况与单个原子中的情况差别很小。

应该注意到，不同原子的电子只有处在相似轨道上才具有相近的能量，电子只能在相似的轨道间转移。因此，产生共有化运动是由不同原子的相似轨道间的交叠而引起的。每一个原子能级结合成晶体后，引起"与之相应"的共有化运动。例如，3s 轨道引起"3s"的共有化运动，2p 轨道引起"2p"的共有化运动。

下面分析两个单一原子从相距很远的独立状态逐渐接近的情况。当它们逐渐接近时，每个原子中的电子除了受到自身原子的势场作用外，还受到另一个原子势场的作用。这样一来，电子的能量将会有一个细小的改变，同一能级上电子的能级将可分裂成 m 个相近的能级，m 被称为简并度。如果组成晶体有 N 个原子，就整个晶体而言，一个能级就可分裂成了 mN 个能量相近的能级，形成一个能带。这些分裂能级的总数很大且能量之差极小，因此能带中的能级可视为连续的。这时，共有化电子不是在一个能级上运动，而是在一个能带中运动，这种能带称之为允带。允带之间是没有电子运动的，被称为禁带。

原子内壳层电子能级低，简并度低，共有化程度也低，能级分裂得少，能带窄；而外层电子能级高，简并度也高，能级分裂得多，能带宽，如图 5-3 所示。

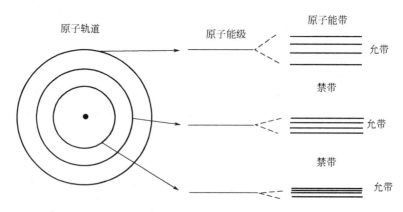

图 5-3 原子组成晶体时能级分裂成能带示意图

通常，在能量低的能带中填满了电子，这些能带称为满带；而能带图中最高的能带，往往是全空或半空（部分填充），电子没有填满，此能带称为导带；两个能带间的区域为禁带。电子可以在一个能带中运动，也可以在不同能带间跃迁，但不能在禁带中运动。在导带下的那个满带，其电子可以跃迁到导带，此能带称为价带。为了简化，只画出导带和价带，或只画出导带底 E_c 和价带顶 E_v 以及它们之间的禁带，如图 5-4 所示。

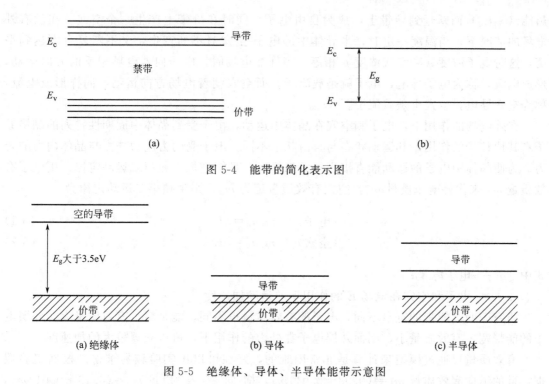

图 5-4　能带的简化表示图

图 5-5　绝缘体、导体、半导体能带示意图

材料的电导率取决于能带结构。绝缘体材料，导带是空的而且禁带很宽，一般情况下，价带上的电子不可能跃迁到导带上，所以绝缘体材料几乎不导电；金属材料的导带和价带有相当部分是重合的，中间没有禁带，在导带中存在大量的自由电子，导电能力强；半导体材料在低温状态下，导带中一般没有电子或只有极少的电子，但在一定的条件下，由于它的禁带宽度不是很宽，价带的电子可能跃迁到导带，同时在价带上留下空穴，电子和空穴可以同时导电。图 5-5 为绝缘体、导体和半导体的能带示意图。所以半导体材料的电学性能与其禁带宽度有着密切的关系。表 5-1 列出几种主要半导体材料的禁带宽度。

表 5-1　几种主要半导体材料的禁带宽度

晶体名称	E_g/eV		晶体名称	E_g/eV	
	0K	300K		0K	300K
Si	1.17	1.12	GaAs	1.52	1.43
Ge	0.744	0.67	SiC	3.0	2.9
InSb	0.24	0.18	Te	0.33	0.3
InAs	0.43	0.35	GdS	2.582	2.43
InP	1.43	1.35	GdTe	1.607	1.45
GaP	2.32	2.26	ZnS	3.91	3.6

5.2　半导体中的载流子

半导体导电是由两种载流子的运动形成的，即由电子和空穴的定向漂移形成的。在低温下，价带几乎是满的，导带几乎是空的，随着温度的升高，价带中部分电子获得足够的热能（$\geqslant E_g$）而跃迁到导带上，成为自由电子，同时在价带上产生一个空穴。在没有外电场的情况下，当温度一定时，半导体中的电子-空穴对不断产生，又不断复合而达到平衡，这时电子浓度 n 和空穴浓度 p 相等。当外加电场时，电子向着电场相反的方向运动，形成电流，称为电子导电，电子就是载流子。而空穴朝着电场方向运动，同样形成电流，称为空穴导电，空穴也是载流子。

在外电场的作用下，电子和空穴在晶体中运动，由于受到晶体中周期性排列的晶格原子和其他粒子的作用，其运动状态与自由状态不同，电子受的力应为外力与晶体内力的合力。为使晶体中电子的运动能直接用外力来描述，且能遵从牛顿第二运动定律，用电子有效质量 m_n 来代替电子质量 m_0，空穴有效质量记为 m_p，则牛顿第二运动定律为

$$（电子）\qquad m_n a_n = qE \tag{5-1}$$

$$（空穴）\qquad m_p a_p = qE \tag{5-2}$$

式中　q——电子电量；

a_n，a_p——电子和空穴在电场 E 的作用下的运动加速度。

研究表明，能带的宽窄不同，电子的有效质量也不同，能带窄，有效质量大。外层电子的能带宽，有效质量小，因而外层电子在外力的作用下，可以获得较大的加速度。

有效质量要通过模型来计算是非常困难的，好在可以用实验较易求得。根据实验数据：硅的纵向有效质量 $m_1 = (0.98 \pm 0.04)m_0$，横向有效质量 $m_t = (0.19 \pm 0.01)m_0$，锗的纵向有效质量 $m_1 = (1.64 \pm 0.03)m_0$，横向有效质量 $m_t = (0.0819 \pm 0.0003)m_0$。空穴有效质量有三个，其中有两个是简并能级，一个是重有效质量 $(m_p)_h$，一个是轻有效质量 $(m_p)_1$，而第三个则是由于自旋轨道的耦合作用，使能级从简并中分裂出来而产生的第三个有效质量，称为裂出有效质量 $(m_p)_3$。实验测得硅、锗空穴有效质量列于表5-2中。

表 5-2　硅、锗空穴有效质量

元　素	$(m_p)_h/m_0$	$(m_p)_1/m_0$	$(m_p)_3/m_0$
硅	0.53	0.16	0.245
锗	0.36	0.044	0.077

5.3　杂质能级

人们为了控制半导体材料的电学性能，在高纯的本征半导体材料中加入不同类型和一定含量的杂质，形成具有特定电阻率范围的 n 型或 p 型半导体材料，以适应制作不同的半导体器件的需要。

当在硅中掺入磷原子时，磷原子就会替代硅原子而成为替代原子，它的 4 个价电子和硅原子的价电子组成共价键，而多余的一个电子被微弱地束缚在磷原子周围。由于这个电子只被微弱束缚，只需要很小的能量就会使它电离而成为自由电子，如图 5-6 （a）所示。当我们在硅中掺入硼原子时，硼原子就会替代硅原子而成为替代原子，它的 3 个价电子和硅原子的价电子组成共价键，而在周围留下一个硅的空键，即空穴（电洞），如图 5-6 （b）所示。

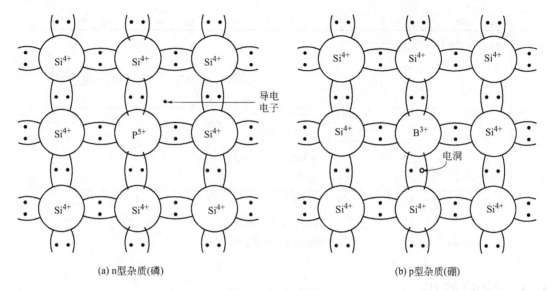

(a) n型杂质(磷)　　　　　　　　　　　　　　(b) p型杂质(硼)

图 5-6　掺杂半导体

从能带的角度来看，磷的掺入将在导带底 E_c 下的禁带中形成一个杂质能级 E_d，这个能级上的电子只需要很小的能量就能跃迁到导带，形成载流子。这样的半导体材料称为 n 型半导体材料，在硅中掺入 ⅤA 族元素，如磷、砷、锑等，都能使高纯硅成为 n 型半导体材料，示于图 5-7 中。

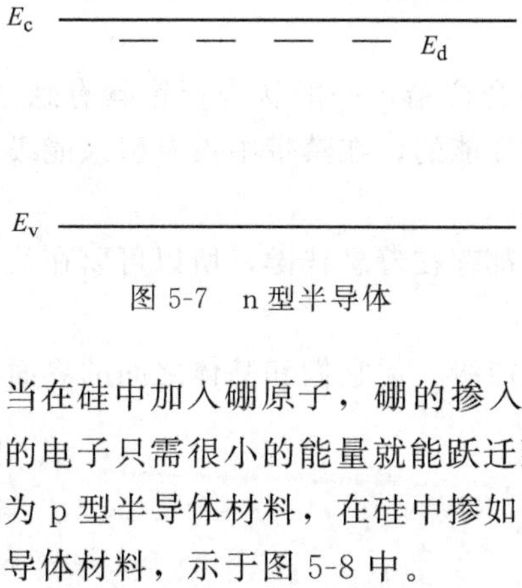

E_c ——————

　　　——　——　——　—— E_d

E_v ——————

图 5-7　n 型半导体

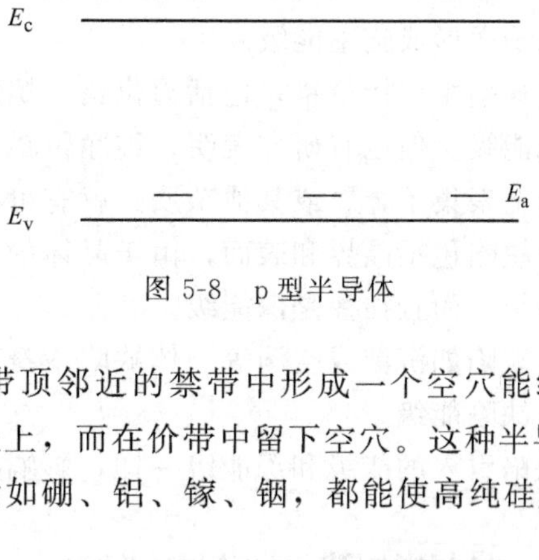

E_c ——————

　　　　　　——　——　　　　　—— E_a

E_v ——————

图 5-8　p 型半导体

当在硅中加入硼原子，硼的掺入就会在价带顶邻近的禁带中形成一个空穴能级 E_a，价带的电子只需很小的能量就能跃迁到这个能级上，而在价带中留下空穴。这种半导体材料称为 p 型半导体材料，在硅中掺如 ⅢA 族元素如硼、铝、镓、铟，都能使高纯硅成为 p 型半导体材料，示于图 5-8 中。

在实际情况中，除了有控制地在硅中掺入 ⅢA 或 ⅤA 族元素外，在硅材料的生产中，不可避免地会引入少量的不需要的杂质。这些杂质由于其性质不同，会在禁带中形成不同的杂质能级。ⅢA 和 ⅤA 族元素形成的能级分别靠近价带顶和导带底，称为浅能级，那些位于禁带中心附近的杂质能级称为深能级。浅能级对半导体材料导电性能可直接做出贡献，而深能级对半导体材料的载流子没有贡献，但它们对半导体材料的少子寿命有影响。因为它们可作为电子或空穴复合中心。有的深能级杂质可在禁带中形成多个杂质能级。深能级杂质在半导体材料中是有害杂质，金属杂质特别是过渡金属元素杂质，基本上都属于深能级杂质。现将一些主要杂质能级示于图 5-9 中。

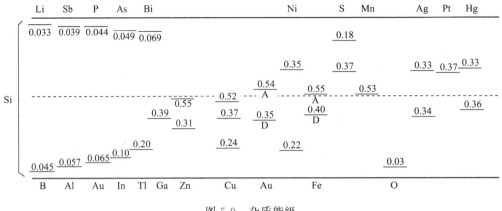

图 5-9 杂质能级

A 表示受主；D 表示施主

5.4 缺陷能级

理想的半导体材料应是完美的晶体，但在实际中，晶体中总是存在着各种缺陷，使有规律的周期排列被打乱，这些缺陷包括点缺陷、线缺陷、面缺陷和体缺陷。

在ⅣA族元素的单质半导体材料（如硅）中，点缺陷包括空位、间隙原子和杂质原子。杂质原子引入的能级前面已经讨论过了。在硅中空位的存在使空位周围的 4 个硅原子各有一个悬挂键，倾向于接受电子形成受主能级；而硅自间隙原子具有 4 个价电子，可以提供电子而形成施主能级。

线缺陷主要指位错，包括刃位错、螺旋位错和混合位错，一般认为位错具有悬挂键，能形成能级。但也有研究表明，纯净位错是没有电学性能的，在禁带中没有引入能级，如果位错上聚集了金属或其他杂质，就有可能引入能级。

面缺陷包括晶界和表面，由于晶体的界面和表面都存在着悬挂键，所以可以在禁带中引入能级，而且往往是深能级。

体缺陷如沉淀或空洞等。体缺陷本身一般不引入能级，但它们和基体之间的界面往往会产生缺陷能级。

缺陷引入的能级和深能级一样，影响少子寿命。

5.5 直接能隙与间接能隙

在半导体材料中，根据电子从价带跃迁到导带的行为，可分为直接能隙半导体和间接能隙半导体。在直接能隙晶体中，价带中的载流子吸收一个能量 $h\nu \geqslant E_g$ 的光子，同时产生一个电子和一个空穴，而且只能产生一个电子-空隙对，光子的最小能量等于 E_g。在间接能隙晶体中，价带中的载流子吸收一个光子，同时产生一个电子、一个空穴和一个声子，声子的能量为 $h\Omega$（Ω 为声子频率），其能量 $h\Omega = 0.01 \sim 0.03eV$。光子的最小能量等于 $E_g + h\Omega$。

硅、锗、GaP 等属间接能隙晶体，GaAs、InP、CdS、Cu_2S 等属直接能隙晶体。

直接能隙、间接能隙在吸收光子后跃迁的情况是不一样的，图 5-10 示出了它们的不同。

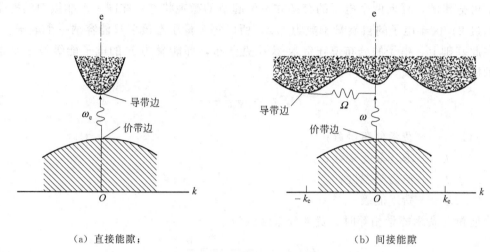

（a）直接能隙；　　　　　　　　　　　　　（b）间接能隙

图 5-10　直接能隙和间接能隙

直接能隙晶体对光子的吸收系数从 $0 \sim 10^4 \mathrm{cm}^{-1}$ 是突变的，而间接能隙晶体的吸收系数则是渐变的，光子在深入晶体一定深度后才能被完全吸收。对硅而言，样品厚度小于 $100 \mu m$ 时，$h\nu \geqslant E_g$ 的光子几乎不能完全被吸收。而对 CaAs 而言，样品厚度只需 $1\mu m$ 就能完全被吸收。

5.6　热平衡下的载流子

半导体材料的性质强烈地取决于其载流子浓度，在掺杂浓度一定的情况下，载流子浓度主要由温度所决定。

在绝对零度时，对于本征半导体而言，电子束缚在价带上，半导体材料没有自由电子和空穴，也就没有载流子；随着温度的升高，电子从热振动的晶格中吸收能量，电子从低能态跃迁到高能态，如从价带跃迁到导带，形成自由的导带电子和价带空穴，称为本征激发。对于杂质半导体而言，除本征激发外，还有杂质的电离；在极低温时，杂质电子也束缚在杂质能级上，当温度升高，电子吸收能量后，也从低能态跃迁到高能态，如从施主能级跃迁到导带产生自由的导带电子，或者从价带跃迁到受主能级产生自由的价带空穴。因此，随着温度的升高，不断有载流子产生。

外界没有光、电、磁等作用时，在一定温度下，从低能态跃迁到高能态的载流子也会产生相反方向的运动，即从高能态向低能态跃迁，同时释放出一定能量，称为载流子的复合。所以，在一定温度下，在载流子不断产生的同时，又不断有载流子复合，最终载流子浓度会达到一定的稳定值，此时半导体处于热平衡状态。

要得到热平衡状态下的载流子浓度，可以通过计算热平衡状态下电子的统计分布和可能的量子态密度得到，各量子态上的载流子浓度总和就是半导体的载流子浓度。

5.6.1　费米分布函数

载流子在半导体材料中的状态一般用量子统计的方法进行研究，其中状态密度和在能级中的费米统计分布是其主要表示形式。以电子为例，在利用量子统计处理半导体中电子的状态和分布时，认为：电子是独立体，电子之间的作用力很弱；同一体系中的电子是全同且不可分辨的，任何两个电子的交换并不引起新的微观状态；在同一个能级中的电子数不能超过2；由于电子的自旋量子数为1/2，所以每个量子态最多只能容纳一个电子。

在此基础上，电子的分布遵守费米-狄拉克分布，即能量为 E 的电子能级被一个电子占据的概率 $f(E)$ 为

$$f(E) = \frac{1}{e^{\frac{E-E_F}{kT}}+1} \tag{5-3}$$

式中　$f(E)$——费米分布函数；

　　　　k——玻耳兹曼常数；

　　　　T——热力学温度；

　　　　E_F——费米能级。

当能量与费米能量相等时，费米分布函数为

$$f(E) = \frac{1}{e^{\frac{E-E_F}{kT}}+1} = \frac{1}{2} \tag{5-4}$$

即电子占有率为1/2的能级为费米能级。

图 5-11 所示为费米分布函数 $f(E)$ 随能级能量的变化情况。由图 5-11 可知，$f(E)$ 相对于 $E=E_F$ 是对称的。

(1) $T=0K$ 时

当 $E<E_F$ 时，$E-E_F<0$，则 $\frac{E-E_F}{kT}\rightarrow-\infty$，而 $e^{-\infty}\rightarrow0$，所以 $f(E)\approx1$；

当 $E>E_F$ 时，$E-E_F>0$，则 $\frac{E-E_F}{kT}\rightarrow\infty$，而 $e^{\infty}\rightarrow\infty$，所以 $f(E)\approx0$。

这说明在绝对零度时，比 E_F 小的能级被电子占据的概率为 100%，没有空的能级；而比 E_F 大的能级被电子占据的概率为零，全部能级都空着。

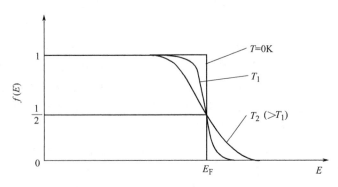

图 5-11　费米分布函数随能级能量的变化

(2) $T>0K$ 时

在 $T>0K$ 时，比 E_F 小的能级被电子占据的概率随能级升高逐渐减小，而比 E_F 大的能级被电子占据的概率随能级降低而逐渐增大。也就是说，在 E_F 附近且能量小于 E_F 的能级上的电子，吸收能量后跃迁到大于 E_F 的能级上，在原来的地方留下了空位。显然，

电子从低能级跃迁到高能级，就相当于空穴从高能级跃迁到低能级；电子占据的能级越高，空穴占据的能级越低，体系的能量就越高。

在 $E-E_F \gg kT$ 时，式（5-2）为

$$f(E) \approx e^{\frac{E_F-E}{kT}} \tag{5-5}$$

此时的费米分布函数与经典的玻耳兹曼分布是一致的。

5.6.2 电子浓度和空穴浓度

经研究和推算得到，电子在导带中的浓度为

$$n_0 = N_c \exp \frac{E_F-E_c}{kT} \tag{5-6}$$

式中　E_F——费米能级；

E_c——导带底；

k——玻耳兹曼常数；

T——热力学温度；

N_c——导带的有效状态密度。可由式（5-7）求得。

$$N_c = 2 \times \frac{(2\pi m_n kT)^{\frac{3}{2}}}{h^3} \tag{5-7}$$

式中　m_n——电子有效质量；

h——普朗克常数。

同样，空穴价带上的浓度为

$$p_0 = N_v \exp \frac{E_v-E_F}{kT} \tag{5-8}$$

式中　E_v——价带顶；

N_v——价带的有效状态密度。

$$N_v = 2 \times \frac{(2\pi m_p kT)^{\frac{3}{2}}}{h^3} \tag{5-9}$$

式中　m_p——空穴有效质量。

由以上两式可以看出，半导体中的电子浓度和空穴浓度主要取决于温度和费米能级，而费米能级则与温度和半导体材料中的杂质类型和杂质浓度有关。对于晶体硅，在 300K 时，$N_c = N_v = 2.8 \times 10^{19}$ 个 $/cm^3$。

如果将电子浓度和空穴浓度相乘，其乘积为

$$n_0 p_0 = N_c N_v \exp \left(-\frac{E_c-E_v}{kT} \right) = N_c N_v \exp \left(-\frac{E_g}{kT} \right) \tag{5-10}$$

由此可以看出，载流子浓度的乘积仅与温度有关，而与费米能级和其他因素无关。也就是说，对于某种半导体材料而言，其禁带宽度 E_g 是一定的，在一定的温度下，热平衡的载流子浓度的乘积是一定的，与半导体的掺杂类型和掺杂浓度无关。

5.6.3 本征半导体的载流子浓度

本征半导体是指没有杂质、没有缺陷的近乎完美的单晶半导体。在绝对零度时，所有的价带都被电子占据，所有的导带都是空的，没有任何自由电子。温度升高时产生本征激发，即价带电子吸收晶格能量，从价带跃迁到导带上，成为自由电子，同时在价带中出现

相等数量的空穴。由于电子、空穴是成对出现，因此，在本征半导体中，电子浓度 n_0 与空穴浓度 p_0 是相等的。如果设本征半导体载流子浓度为 n_i，则

$$n_0 p_0 = n_i^2 \qquad (5\text{-}11)$$

将式(5-10)代入式(5-11)，得本征半导体载流子浓度为

$$n_i = \sqrt{N_c N_v} \exp\left(-\frac{E_g}{2kT}\right) = 2\left(\frac{2\pi k}{h^2}\right)^{\frac{3}{2}} (m_n m_p)^{\frac{3}{4}} T^{\frac{3}{2}} \exp\left(-\frac{E_g}{2kT}\right) \qquad (5\text{-}12)$$

由式(5-12)可知，n_i 是温度 T 的函数。

因为本征半导体的电子浓度和空穴浓度相等，即 $n_0 = p_0$，所以

$$N_c \exp\left(\frac{E_F - E_c}{kT}\right) = N_v \exp\left(\frac{E_v - E_F}{kT}\right) \qquad (5\text{-}13)$$

经演变得到本征费米能级 E_i 为

$$E_i = E_F = \frac{E_c + E_v}{2} + \frac{3kT}{4}\ln\frac{m_p}{m_n} \qquad (5\text{-}14)$$

如果电子和空穴的有效质量相等，式(5-14)的第二项为零，说明本征半导体的费米能级在禁带的中间。实际上，对于大部分半导体（如硅材料），电子和空穴的有效质量相差很小，而且在室温 300K 下，kT 仅约为 0.026eV，所以式(5-14)第二项的值很小。因此，一般可以认为本征半导体的费米能级位于禁带中央附近。

5.6.4 掺杂半导体的载流子浓度及补偿

（1）掺杂半导体的载流子浓度

本征半导体的载流子浓度仅为 10^{10} 个/cm³ 左右，基本上是不导电的。通常需要在本征半导体中掺入一定量的杂质，来控制半导体的电学性能，形成杂质半导体。因为杂质的电离能比禁带宽度小得多，所以杂质的电离和半导体的本征激发就会发生在不同的温度范围。在极低温度时，首先发生的是电子从施主能级激发到导带，或者空穴由受主能级激发到价带，因此，随着温度升高，载流子浓度不断增大，当达到一定的浓度时，杂质达到饱和电离，即所有的杂质都电离，此温度区域称为杂质电离区。此时，本征激发的载流子浓度依然较低，半导体的载流子浓度保持基本恒定，主要由电离的杂质浓度决定，称为非本征区。当温度继续升高，本征激发的载流子大量增加，此时的载流子浓度由电离的杂质浓度和本征载流子浓度共同决定，此温度区域称为本征区。因此，为了准确控制半导体的载流子浓度和电学性能，半导体器件都工作在本征激发载流子浓度较低的非本征区，此时杂质全部电离，一般不考虑本征激发的载流子，载流子浓度主要由掺杂杂质浓度决定，如图5-12所示。

（2）n 型半导体的载流子浓度

根据半导体材料电中性条件，推导得到 n 型半导体的载流子浓度为

$$n_0 = \frac{1}{2}\left(N_d + \sqrt{N_d^2 + 4n_i^2}\right) \qquad (5\text{-}15)$$

式中 N_d——杂质全部电离的施主浓度。

因为在 n 型半导体中，$N_d \gg n_i$，所以式(5-15)简化为

$$n_0 \approx N_d \qquad (5\text{-}16)$$

即在 n 型半导体中，载流子浓度近似为掺入杂质全部电离的施主浓度。

将式(5-6)代入式(5-16)得

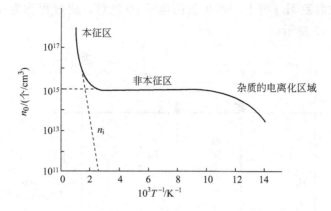

图 5-12　n 型晶体硅载流子浓度与温度的关系

$$n_0 = N_d = N_c \exp\left(\frac{E_F - E_c}{kT}\right)$$

即有
$$E_F = E_c - kT\ln\frac{N_c}{N_d} \tag{5-17}$$

由此可见，n 型半导体的费米能级随温度的升高逐渐偏离 E_c，趋近禁带中心，且呈线性降低。

（3）p 型半导体的载流子浓度

同样，p 型半导体中掺入的受主浓度为 N_a，它的载流子浓度就近似为 N_a，其费米能级为

$$E_F = E_v + kT\ln\frac{N_v}{N_a} \tag{5-18}$$

由此可见，当温度升高时，E_F 逐渐偏离 E_a，趋向禁带中心。

（4）载流子的补偿

假如半导体材料中既有施主杂质，又有受主杂质，当电离时，施主杂质电离的电子首先跃迁到能量低的受主杂质能级上，产生补偿。当 $N_d > N_a$ 时，半导体为 n 型，其载流子浓度为 $n_0 = N_d - N_a$。相反，当 $N_d < N_a$ 时，半导体为 p 型，载流子浓度为 $p_0 = N_a - N_d$。

5.6.5　非平衡少数载流子

在平衡状态下，电子不停地从价带越迁到导带，产生电子-空穴对；同时又不停地复合，从而保持总的载流子浓度不变。对于 n 型半导体，电子浓度大于空穴浓度，电子是多数载流子，空穴是少数载流子；对于 p 型半导体，空穴浓度大于电子浓度，空穴是多数载流子，电子是少数载流子。

在非平衡状态下，如当光照在半导体上时，价带上的电子吸收能量就会跃迁到导带，产生额外的电子-空穴对，从而使载流子浓度增大，出现了比平衡状态多的载流子，称为非平衡载流子。其他方法也可以在半导体中引入非平衡载流子。

对于 n 型半导体，空穴是少数载流子，如果出现非平衡空穴载流子，就是非平衡少数载流子；对于 p 型半导体，非平衡载流子中的电子为非平衡少数载流子。

（1）非平衡载流子的产生与复合

当半导体被能量为 E 的光子照射时，如果 E 大于禁带宽度，那么半导体价带上的电

子就会吸收光子被激发到导带上，产生新的电子-空穴对，此过程称为非平衡载流子的产生或注入，如图 5-13 所示。

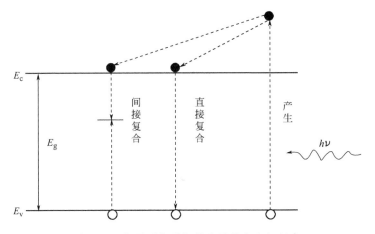

图 5-13　光照下非平衡载流子的产生与复合

非平衡载流子产生后并不稳定，要重新复合。复合时，导带上的电子首先将部分能量传递给晶格变为热能，迁移到导带底，然后从导带底跃迁到价带与空穴复合，这种复合称为直接复合。如果禁带中有缺陷能级，包括体缺陷能级和表面缺陷能级，则产生时，价带上的电子就会被激发到缺陷能级上，缺陷能级上的电子可能被激发到导带上；而复合时，导带底的电子首先跃迁到缺陷能级上，然后再跃迁到价带与空穴复合，这种复合称为间接复合，这种缺陷被称为复合中心。

非平衡载流子复合时，会放出多余的能量。根据能量的释放方式，复合又可分成三种：

① 载流子复合时，发射光子，产生发光现象，称为辐射复合或发光复合；

② 载流子复合时，发射声子，将能量传递给晶格，产生热能，称为非辐射复合；

③ 载流子复合时，将能量传递给其他载流子，增加它们的能量，称为俄歇复合。

非平衡载流子产生后，可出现不同的复合方式。

（2）非平衡少数载流子的寿命

如果外界作用始终存在，非平衡载流子不断产生又不断复合，达到新的平衡。如果外界作用消失，产生的非平衡载流子会因复合而很快消失，恢复到原来的平衡态。如果设非平衡载流子平均存在时间为非平衡载流子的寿命，用 τ 表示，则 $1/\tau$ 就是单位时间内非平衡载流子的复合率。

以 n 型半导体为例，当光照在半导体上产生非平衡载流子，用 Δn 和 Δp 表示，且 $\Delta n = \Delta p$。停止光照后，单位时间内非平衡载流子浓度的减少等于复合掉的非平衡载流子。即

$$\frac{\mathrm{d}\Delta p(t)}{\mathrm{d}t} = -\frac{\Delta p(t)}{\tau} \tag{5-19}$$

解式（5-19）得

$$\Delta p(t) = (\Delta p)_0 \mathrm{e}^{\frac{-t}{\tau}} \tag{5-20}$$

式中，$(\Delta p)_0$ 为 $t=0$ 时的非平衡载流子浓度。从式（5-20）可以看出，非平衡载流子

浓度的衰减，是时间的指数函数，如图
5-14 所示。

对于直接复合而言，如果将电子-空
穴复合概率设为 r，它是一个温度的函
数，与半导体的原始电子浓度 n_0 和空穴
浓度 p_0 无关，在 $\Delta p \ll (n_0 + p_0)$ 时，
即在小注入的条件下，经推算得到

$$\tau = \frac{1}{r(n_0 + p_0)} \quad (5\text{-}21)$$

如果是 n 型半导体，则 $n_0 \gg p_0$，式
(5-21) 可写为

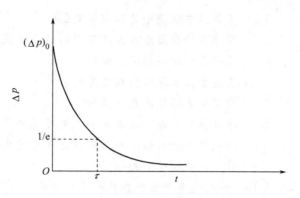

图 5-14　非平衡载流子浓度随复合时间的变化

$$\tau = \frac{1}{rn_0} \quad (5\text{-}22)$$

从式(5-22) 可知，在小注入的条件下，半导体材料的寿命和电子-空穴对的复合概率
成反比，与原始电子浓度也成反比。在温度和载流子浓度一定的情况下，寿命是一个恒
定值。

本 章 小 结

① 能带理论是从晶体的整体来研究晶体电性能的理论。在能带论中没有 s 电子和 p
电子的区别。电子可以在一个能带中运动，也可以在能带间跃迁，但不能存在于禁带中。

② 低能级分裂少，能带窄；高能级分裂多，能带宽。

③ 在常温下，绝缘体的导带几乎是空的，半导体的导带被小部分填充，良导体的价
带与导带部分重叠，没有禁带。

④ 有效质量是考虑到在晶体中，电子受的力应为外力与晶体内力的合力，为使晶体
中电子的运动能直接用外力来描述而引入的。

⑤ 杂质能级在禁带中，浅能级贴近导带底或价带顶，较易被激发，影响电学性能。
深能级对电学性能几乎没有影响，但影响半导体材料的寿命。

⑥ 缺陷能级：空位呈受主，自间隙原子呈施主；位错易集聚杂质，从而引入能级；
面缺陷引入深能级。

⑦ 直接能隙与间接能隙的跃迁机理是不同的。

⑧ 费米能级：电子占有率为 1/2 的能级。在本征硅中处于禁带中部；在 n 型半导体
中，掺杂浓度越大，越远离中心向导带底移动；在 p 型半导体中，掺杂浓度越大，越远离
中心向价带顶移动。

⑨ 本征半导体的载流子浓度只是温度的函数；掺杂半导体的载流子浓度，在非本征
区，与掺杂浓度有关。半导体材料一般应用于非本征区。

⑩ 在小注入的条件下，n 型半导体的寿命与复合率及原始电子浓度成反比。

习　　题

5-1　能带理论是怎么引入的？

5-2 半导体中载流子是如何填充的？

5-3 简述各种杂质能级在能带中的分布及深、浅能级的特征。

5-4 简述各种缺陷能级的特征。

5-5 简述直接能隙和间接能隙的特性。

5-6 费米分布函数的意义是什么？

5-7 半导体材料电子浓度与空穴浓度的乘积与什么有关？

5-8 掺杂半导体材料的型号和载流子浓度由什么决定？

5-9 什么是载流子的补偿？

5-10 什么是非平衡少数载流子？它的产生和复合规律是什么？

5-11 什么是非平衡少数载流子的寿命？它与哪些因素有关？

第6章　p-n结

学习目标

① 理解 p-n 结的形成机理。
② 掌握 p-n 结的制备。
③ 了解 p-n 结的能带结构。
④ 掌握 p-n 结的特性。

6.1　p-n 结的形成

　　p-n 结是大多数半导体器件的核心，是集成电路主要组成部分。它可以利用多种工艺制作而成，如合金法、扩散法、离子注入法、薄膜生长法等。

　　无论是 n 型半导体材料，还是 p 型半导体材料，当它们独立存在时，都是电中性的，电离杂质的电荷量和载流子的总电荷量是相等的。当两种半导体材料连接在一起时，对 n 型半导体而言，电子是多数载流子，浓度高；而在 p 型半导体中电子是少数载流子，浓度低。由于浓度梯度的存在，电子势必从高浓度向低浓度扩散，即从 n 型半导体向 p 型半导体扩散。在界面附近，n 型半导体的电子浓度逐渐降低，而扩散到 p 型半导体中的电子和 p 型半导体中的多数载流子空穴复合而消失。因此，在 n 型半导体靠近界面附近，由于电子浓度降低，使得电离杂质的正电荷高于剩余的电子浓度，出现了正电荷区域。在 p 型半导体中，由于空穴从 p 型半导体向 n 型半导体扩散，在靠近界面附近，电离杂质的负电荷高于剩余的空穴浓度，出现了负电荷区域。此区域称为 p-n 结的空间电荷区，区域中的电离杂质所携带的电荷称为空间电荷，如图 6-1 所示。

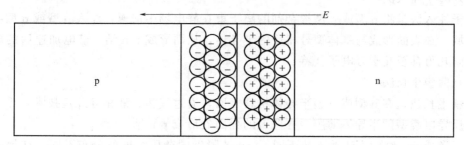

图 6-1　p-n 结的空间电荷区

　　空间电荷区中存在着正负电荷区，形成了一个从 n 型半导体向 p 型半导体指向的电

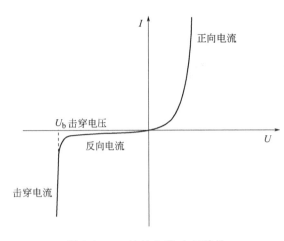

图 6-2　p-n 结的电流-电压特性

场，称为内建电场。随着载流子扩散的进行，空间电荷区不断扩大，空间电荷量不断增加，内建电场的强度也不断增加。在内建电场力的作用下，载流子受到与扩散方向相反的力，产生漂移。在没有外场的情况下，电子的扩散和电子的漂移最终达到平衡，此时 p-n 结处于热平衡状态。从宏观上看，在空间电荷区，既没有电子的扩散和漂移，也没有空穴的扩散和漂移，此时空间电荷区宽度一定，空间电荷量一定。

研究表明，构成 p-n 结的 n 型半导体和 p 型半导体的掺杂浓度越高，p-n 结的接触电势差就越大。p-n 结的电流-电压特性如图 6-2 所示。

6.2　p-n 结的制备

（1）合金法

合金法是指在一种半导体晶体上放置金属或半导体元素，通过加温等工艺形成 p-n 结。如将铟放在 n 型锗上，加温到 $500 \sim 600^{\circ}\mathrm{C}$，铟熔化成液体，而在两者界面处的锗原子会熔入铟液体，在锗单晶的表面处形成一层合金液体，使锗在其中的浓度达到饱和；然后降低温度，合金液体和铟液体重新结晶，这时合金液体将会结晶成含铟的 p 型锗单晶，与 n 型的锗单晶形成 p-n 结。

（2）扩散法

扩散法是指在 n 型或 p 型半导体材料中，利用扩散工艺掺入相反型号的杂质，在局部区域形成与基体材料相反型号的半导体，从而构成 p-n 结。如将 p 型半导体材料放入扩散炉中，加温至 $1000 \sim 1200^{\circ}\mathrm{C}$，通入 P_2O_5 气体，P_2O_5 气体在硅表面分解，磷沉淀在硅表面并扩散到半导体内，在硅表面形成一层含高浓度磷的硅单晶，成为 n 型半导体，其与基体 p 型半导体的交界处构成 p-n 结。扩散法在半导体器件制作中用得比较普遍。

（3）离子注入法

离子注入法是将 n 型或 p 型掺杂剂的离子束在静电场中加速，注入 p 型或 n 型半导体表面区域，在表面形成与基体型号相反的半导体，从而形成 p-n 结。静电加速后的离子能量要达到几万甚至几十万电子伏特。

（4）薄膜生长法

薄膜生长法是在 n 型或 p 型半导体材料表面，通过气相、液相等外延技术，生长一层具有相反导电类型的半导体薄膜，在两者的界面处形成 p-n 结。

由于形成 p-n 结的方法及工艺不同，p-n 结附近的杂质浓度的分布不同。如果杂质浓度的变化是陡直的，这种 p-n 结就称为突变结；如果变化是呈线性缓慢变化的，这种 p-n 结就称为线性缓变结，如图 6-3 所示。

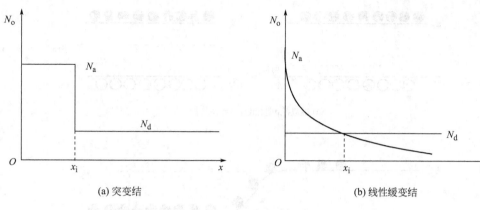

图 6-3　突变结与线性缓变结

6.3　p-n 结的能带结构

由于载流子的扩散和漂移，导致空间电荷区和内建电场的存在，引起该部位的相关空穴势能或电子势能的改变，最终改变了 p-n 结处的能带结构。内建电场是从 n 型半导体指向 p 型半导体的，因此沿着电场方向，电场是从 n 型半导体到 p 型半导体逐渐降低，带正电的空穴的势能也逐渐降低，而带负电的电子的势能则逐渐升高。也就是说，空穴在 n 型半导体势能高，在 p 型半导体势能低。如果空穴从 p 型半导体移动到 n 型半导体，需要克服一个内建电场形成的势垒；电子在 p 型半导体势能高，在 n 型半导体势能低，如果从 n 型半导移动到 p 型半导体，也需要克服一个内建电场形成的势垒。图 6-4 所示为 p-n 结形成前后的能带结构图。由图 6-4 可以看出，当 n 型半导体和 p 型半导体组成 p-n 结时，由空间电荷区形成的电场，在 p-n 结处能带发生了弯曲。此时导带底能级、价带顶能级、本征费米能级和缺陷能级都发生了相同幅度的弯曲。由于在平衡时，n 型半导体和 p 型半导体的费米能级是相同的，所以，平衡时的空间电荷区两端的电势差 V 就等于原来的 n 型半导体和 p 型半导体的费米能级之差。

设达到平衡后，n 型半导体和 p 型半导体的多数载流子浓度分别为 n_0、p_0，则有

$$qV = E_{Fn} - E_{Fp} \tag{6-1}$$

将式（5-17）和式（5-18）代入式（6-1）得

$$qV = E_c - E_v - kT\ln\frac{N_c N_v}{N_d N_a} = E_g - kT\ln\frac{N_c N_v}{N_d N_a} \tag{6-2}$$

将

$$n_i^2 = n_0 p_0 = N_c N_v \exp\left(-\frac{E_c - E_v}{kT}\right)$$

代入式（6-2）得

$$V = \frac{kT}{q}\ln\frac{N_d N_a}{n_i^2} \tag{6-3}$$

由式（6-2）和式（6-3）可知，构成 p-n 结的 n 型半导体、p 型半导体的掺杂浓度越高，禁带越宽，p-n 结的接触电势差 V 就越大。

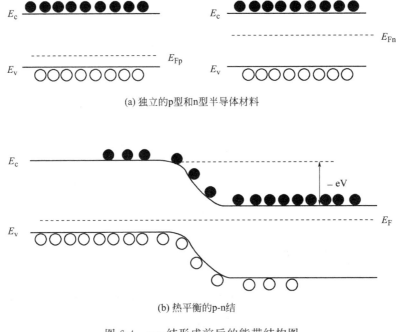

(a) 独立的p型和n型半导体材料

(b) 热平衡的p-n结

图 6-4　p-n 结形成前后的能带结构图

6.4　p-n 结的特性

　　p-n 结具有许多重要的基本特性，包括电流电压特性、电容效应、隧道效应、雪崩效应、开关效应、光伏效应等，其中电流电压特性又称为整流特性，在图 6-2 中示出了 p-n 结的电流电压特性。当 p 型半导体接正电压、n 型半导体接负电压时，外加电场的方向和内建电场方向相反，内建电场的强度被削弱，电子从 n 型半导体向 p 型半导体扩散的势垒降低，空间电荷区变窄，从而导致大量电子从 n 型半导体向 p 型半导体扩散。对空穴而言，在正向电压作用下，从 p 型半导体扩散到 n 型半导体，电流通过。电流基本随电压呈指数上升，成为正向电流。反之，当 p 型半导体上加以负电压、在 n 型半导体上加正电压时，外加电场的方向和内建电场方向一致，内建电场强度加强，而电子从 n 型半导体向 p 型半导体扩散的势垒增加，导致电子从 p 型半导体漂移到 n 型半导体及空穴从 p 型半导体扩散到 n 型半导体的势垒增加，通过的电流很小，称为反向电流，此时电路基本处于阻断状态。当反向电压大于一定数值时，电流急剧增大，p-n 结被击穿，此时的反向电压称为击穿电压。

　　当光照在 p-n 结上，那些能量大于禁带宽度 E_g 的光子被吸收后，产生电子-空穴对，即产生非平衡载流子。在 p-n 结内建电场的作用下，空穴向 p 型区漂移，电子向 n 型区漂移，形成光生电动势或光生电场，从而降低了内建电场的势垒，相当于在 p 型上加了正向电压，在 n 型上加了负向电压。在外电路未接通时，光生载流子只形成电动势；外电路接通后，外电路上就会产生由 p 型流向 n 型的电流和功率。这就是太阳能电池的基本原理，也是光电探测器、辐射探测器件的工作原理。

本 章 小 结

① p-n结的形成是载流子热扩散的结果。内建电场的方向是由n型指向p型的。

② 做成p-n结的方法有多种，工艺不同，p-n结的性质不同。就其伏安特性而言，有突变结和线性缓变结之分。

③ p-n结区的能带发生了弯曲，导带底、价带顶、费米能级和缺陷能级都发生了相应幅度的弯曲，其电动势 V 等于n型半导体与p型半导体的费米能级之差。

④ 构成p-n结的n型半导体与p型半导体的掺杂浓度越高，材料的禁带宽度越大，接触电势差就越大。

习 题

6-1 p-n结是怎样形成的，它有什么特性？

6-2 简述 p-n 结的制备方法。

6-3 简述太阳能电池的原理。

6-4 p-n结的接触电势差与哪些因素有关？

第7章 金属-半导体接触和MIS结构

前面叙述了半导体 p-n 结具有整流效应，而金属-半导体接触形成的结构和金属-绝缘体-半导体（MIS）形成的结构也具有整流效应。

7.1 金属-半导体接触

金属与半导体接触能形成具有整流特性的接触和良好的欧姆接触。整流接触和欧姆接触在半导体器件中都起重要的作用。点接触二极管就是用金属细丝与半导体表面形成整流接触的。欧姆接触可作半导体器件电极连接用，这种接触可以等效成一个小电阻。可以说，金属与半导体接触界面几乎对所有半导体器件的研制和生产都是不可缺少的部分。

7.1.1 功函数的概念

固体中的共有化电子可以在固体内自由运动，但它们不能脱离固体而逸出体外，这说明固体中电子的能量要比体外静电子的能量低。例如，在半导体中，导带底和价带顶都比体外真空中静止电子的能量 E_0 低，如图 7-1 所示。所以要使固体中的电子离开固体，就必须供给电子一定的能量。使固体中位于费米能级处的一个电子移到体外自由空间所需做的功，叫固体的功函数，或叫逸出功，用 W 表示。

$$W = E_0 - E_F \tag{7-1}$$

式中 E_0——真空中的静止电子能量；

E_F——费米能级。

（1）金属材料的功函数（W_m）

由导体、半导体和绝缘体的能带图可知，金属作为导体，通常是没有禁带的，自由电子处于导带中，可以自由运动，从而导电能力很强。在金属中，电子也服从费米分布，与半导体材料一样，在绝对零度时，电子填满费米能级（E_{Fm}）以下的能级，在费米能级以上的能级是全空的。当温度升高时，电子吸收能量，从低能级跃迁到高能级，而极少量的高能级的电子吸收了足够的能量可能跃迁到金属体外。一个电子要从金属跃迁到体外所需的最小能量 W_m 为

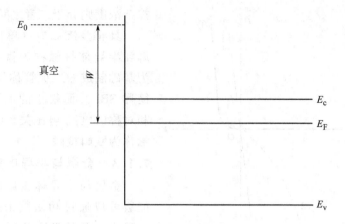

图 7-1 功函数示意图

$$W_m = E_0 - E_{Fm} \tag{7-2}$$

称为金属的功函数或逸出功。式中 E_{Fm} 为金属中的费米能级。

不同的金属材料有不同的功函数值 W_m，几种材料的功函数值列于表 7-1。

表 7-1 几种材料的功函数

材料	Ag	Al	Au	Cr	Ni	Pb	Sn	Cu	Pt	Cs
功函数 W_m/eV	4.97	4.13	5.06	4.18	4.5	4.2	3.42	3.19	5.36	1.93

（2）半导体材料的功函数（W_s）

同样地，对于半导体材料，要使一个电子从导带或价带跃迁到体外，也需要一定的能量。类似于金属，半导体的功函数 W_s 就是（E_0）和半导体费米能级（E_{Fs}）之差，即

$$W_s = E_0 - E_{Fs} \tag{7-3}$$

由于半导体的费米能级与半导体的型号和掺杂浓度有关，因而半导体的功函数（W_s）也与型号和杂质浓度有关。不同掺杂浓度的锗、硅及砷化镓的功函数列于表 7-2。

表 7-2 半导体功函数与杂质浓度的关系

W_s/eV 杂质浓度 材料	n 型/(1/m³)			p 型/(1/m³)		
	10^{20}	10^{21}	10^{22}	10^{20}	10^{21}	10^{22}
硅(Si)	4.32	4.26	4.20	4.82	4.88	4.994
锗(Ge)	4.32	4.38	4.33	4.51	4.56	4.61
砷化镓(GaAs)	4.44	4.33	4.311	5.14	5.21	5.27

7.1.2　金属-半导体接触的定义

在半导体（例如 Si）晶片上淀积一层金属（例如 Al），形成紧密接触，称为金属-半导体接触。

由于半导体与金属界面具体情况的不同，可以有很不相同的伏安特性，其中最重要且又最典型的有两类：一是半导体掺杂浓度较低（如浓度低于 5×10^{23}/m³）的情况，它会表现出类似 p-n 结的单向导电性，如图 7-2 中的曲线①；另一类是半导体掺杂浓度很高（如浓度高于 10^{26}/m³）的情况，此时无论加正向电压还是加反向电压，电流都随电压的增加，而成倍地增大，则相当于一个很小的电阻，如图 7-2 中的曲线③。而曲线②对应的

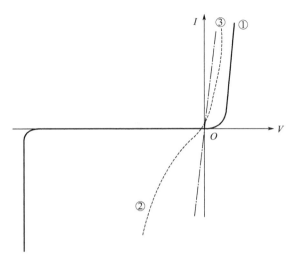

图 7-2　金属-半导体接触的伏安特性

掺杂浓度则介于二者之间。

　　具有整流效应（单向导电性）的金属和半导体接触称为肖特基接触，以此为基础制成的二极管称为肖特基二极管，简称 SBD。而很小的电阻，且具有线性和对称的电流-电压关系的金属-半导体接触称为欧姆接触。

7.1.3　金属与半导体接触的能带

　　金属与半导体接触时，两者的费米能级可以通过功函数来表示。若用真空中静止的电子能量 E_0 作为参考标准，则可直接比较两者费米能级的高低。功函数大，就表明费米能级 E_F 位置低；功函数小，就表明费米能级 E_F 位置高。

（1）金属与 n 型半导体材料相接触

①接触前金属的功函数大于半导体的功函数　接触前金属的功函数大于半导体的功函数，则金属的费米能级就低于半导体的费米能级，而且两者的费米能级之差就等于功函数之差，如图 7-3（a）所示。

　　即：
$$E_{Fs} - E_{Fm} = W_m - W_s \tag{7-4}$$

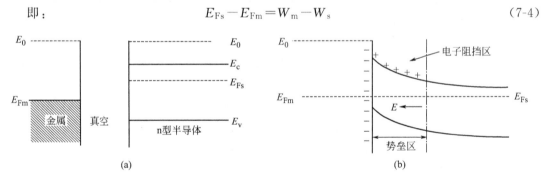

图 7-3　金属功函数大于半导体功函数时，
金属和 n 型半导体接触前（a）和接触后（b）的能带

　　接触后虽然金属的电子浓度大于半导体的电子浓度，但由于原来金属的费米能级低于半导体的费米能级，导致半导体中的电子将向金属扩散，使得金属表面电子浓度增加，带负电；另一侧的半导体表面，则带正电。而且半导体与金属的正、负电荷数量相等，整个金属-半导体系统保持电中性，成为一个统一的电子系统，具有统一的费米能级。只是提高了半导体的电势，降低了金属的电势，如图 7-3（b）所示。

　　在电子从半导体流向金属后，n 型半导体的近表面留下一定厚度的带正电的施主离子，而流向金属的电子则由于这些正电离子的吸引，集中在金属-半导体界面层的金属一侧，与施主离子一起形成了一定厚度的空间电荷区，从而形成内建电场。内建电场的方向从 n 型半导体指向金属。与半导体 p-n 结相似，内建电场所产生的势垒，称为金属-半导体接触的表面势垒，又称电子阻挡层。由于内建电场的作用，电子受到与扩散方向相反的力，使得它们从金属漂移向 n 型半导体。到达平衡时，从 n 型半导体扩散向金属和从金属漂移向半导体的电子数相等，空间电荷区的净电流为零，金属和半导体的费米能级相同，此时势垒两边的电势之差称为金属-半导体的接触电势差，其值为

$$V_{ms} = \frac{1}{q}(W_m - W_s) = \frac{1}{q}(E_{Fs} - E_{Fm}) \tag{7-5}$$

② 金属的功函数小于半导体的功函数　如果接触前金属的功函数小于半导体的功函数，即金属的费米能级高于半导体的费米能级，则通过同样的分析可知，金属和半导体接触后，在界面附近的金属一侧形成了很薄的高密度空穴层，半导体一侧形成了一定厚度的电子积累区域，从而形成了一个具有电子高电导率的空间电荷区，称为电子高电导区，又称反阻挡区，其接触前后的能带如图 7-4 所示。

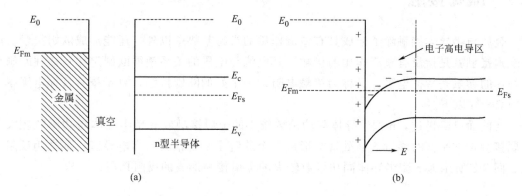

图 7-4　金属功函数小于半导体功函数时，
金属和 n 型半导体接触前（a）和接触后（b）的能带

（2）金属与 p 型半导体材料相接触

对于金属和 p 型半导体的接触，在界面附近也会存在空间电荷区，形成空穴势垒区（阻挡层）和空穴高电导区（反阻挡区）。

7.1.4　金属-半导体接触的整流特性

如果在金属和 n 型半导体之间加上外加电压，就会影响内建电场和表面势垒的作用。在金属的功函数大于 n 型半导体的功函数的情况下，当金属一侧接正极而半导体一侧接负极时，即外加电场从金属指向半导体，与内建电场相反。显然，外加电场将抵消一部分内建电场，导致电子势垒降低，电子阻挡层减薄，使得从 n 型半导体流向金属的电子流量增大，电流随外加电压的增大而增大。相反地，当金属一侧接负极，半导体一侧接正极时，外加电场从半导体指向金属，与内建电场一致，增加了电子势垒，电子阻挡层增厚，使得从 n 型半导体流向金属的电子很少，电流几乎为零。此特性与半导体的 p-n 结的电流电压特性是一样的，同样具有整流效应。具有整流效应的金属和半导体接触称为肖特基接触，以此为基础制成的二极管称为肖特基二极管（SBD），SBD 比一般的半导体二极管特性更好。

（1）高频性能好，开关速度快

SBD 的电流主要取决于多数载流子的热电子发射，以金属-n 型半导体的 SBD 为例，正向电流主要是 n 型半导体的电子进行发射，成为漂移电流直接流进金属，不发生电荷存储效应；而 p-n 结的电流取决于非平衡载流子的扩散运动，正向工作时，由于电子的注入

造成了非平衡载流子的积累（称为电荷存储效应），当外加电压变化时，存储电荷的积累或消失需要一定的时间，这一点严重限制了 p-n 结在高频和高速器件中的应用。正是由于SBD 没有电荷存储效应，在高频、高速器件中有很多重要应用。

（2）正向导通电压低

由于 SBD 中的热电子发射代替了 p-n 结中非平衡载流子的扩散，载流子的热运动速度取代了 p-n 结电流公式中的扩散速度，而在一般情况下，前者比后者大几个数量级。这就是说，对于相同的势垒高度 qV，SBD 电流要比 p-n 结电流大几个数量级，或者说，对于同样的工作电流，SBD 具有较低的正向导通电压。

7.2 欧姆接触

金属与半导体接触除了形成具有整流作用的肖特基势垒以外，还能形成欧姆接触。所谓欧姆接触就是指没有整流作用的接触，其电流与电压的关系遵循欧姆定律。描述欧姆接触好坏的参量是特征电阻，又称为接触电阻。一个好的欧姆接触，总希望其特征电阻率在 $10^{-7}\Omega \cdot m$ 以下。

在前面已经讲过，n 型半导体与功函数较小的金属接触或 p 型半导体与功函数较大的金属接触，在平衡时靠近表面处就会形成一个载流子浓度很大的高电导区，称之为反阻挡层。图 7-5 所示为 p 型半导体同功函数较大的金属接触形成的反阻挡层。

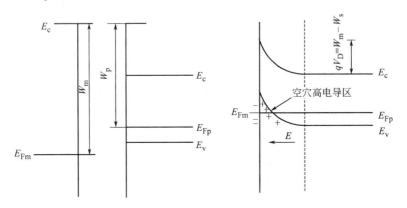

图 7-5　金属与半导体接触的反阻挡层

从理论上讲，只要选用那些功函数比 n 型半导体小，（即 $E_{Fs} > E_{Fm}$），或比 p 型半导体的大（即 $E_{Fm} > E_{Fs}$）的金属，就可以与半导体形成没有整流作用的反阻挡层（高电导区），可以阻止整流作用的产生。

除了金属的功函数外，还有其他因素影响欧姆接触的形成，其中最重要的是表面态。当半导体具有高表面态密度时，金属功函数的影响甚至将不再重要。根据欧姆接触的性质，在实际工艺中，常用的欧姆接触制备技术有：低势垒接触、高复合接触和高掺杂接触。

（1）低势垒接触

就是选择适当的金属，使其功函数和相应半导体的功函数之差很小，导致金属与半导体接触形成的势垒极低，则在室温下就有足够的载流子可以从半导体进入金属或从金属进入半导体，这样的接触，其整流效应极小。对于 p 型半导体而言，金与 p 型硅接触，其势垒高度约为 0.34eV,而铂与 p 型硅形成的势垒高度只有 0.25eV,都是较好的可以形成低势垒欧姆接触的金属。

(2)高复合接触

在金属与半导体接触面附近用一定的方法(如打磨或铜、金、镍合金扩散等)引入大量的复合中心,就构成了高复合接触。高复合可以复合掉非平衡载流子,导致没有整流作用。在外加反向电压时,高复合中心将成为高产生中心,使反向电流变得很大,反向的高阻态就不存在了。

被打磨的半导体表面将形成大量的晶格缺陷,这些缺陷起复合中心的作用,因而在这样的表面制成的金属-半导体接触是欧姆接触。用扩散金、镍、铜合金等杂质,也可以制成高复合接触。这种接触一般适用于集电极连接的电极。

(3)高掺杂接触

在半导体表面与金属电极接触处,如果先用扩散或合金等方法,掺入高浓度的施主或受主杂质,构成金属-n^+-n 或金属-p^+-p 结构,就形成了高掺杂接触。

高掺杂的 n^+ 或 p^+ 层可以有效地降低非平衡载流子的注入。金属-n^+-n 接触的能带图如图 7-6 所示。此时,流过金属-n^+-n 接触的电流主要是电子电流,而空穴电流很小。因此,对高掺杂接触来说,非平衡载流子注入是可以忽略的。

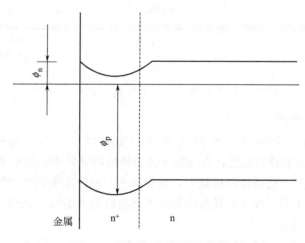

图 7-6 金属-n^+-n 接触的能带图

在高掺杂接触处也存在着势垒,但只要高掺杂的 n^+ (或 p^+)层杂质浓度足够高,其势垒宽度也将很薄。势垒越薄,就越容易发生电子的隧道穿透。势垒减薄到一定程度以后就不再能够阻挡电子的运动,从而使高掺杂接触的反向电阻减小。因此,只要 n^+ (或 p^+)层的杂质浓度足够高($10^{25}/m^3$ 以上),即可实现欧姆接触。高掺杂接触在工艺上易于实现,效果又好,大部分半导体器件的欧姆接触都采用这种方法。

7.3 金属-绝缘层-半导体结构(MIS)

如在金属和半导体之间插入一层绝缘层,就形成了金属-绝缘层-半导体(MIS)结构,是集成电路 CMOS 器件的核心单元,新型太阳能光电池也常常利用这种结构。

金属-绝缘层-半导体（MIS）结构实际上是一个电容，其结构如图 7-7 所示。当在金属和半导体之间加上电压，在金属与半导体相对的两个面上就要被充电，两者所带的电荷符号相反，其分布也很不相同。在金属中，自由电子的密度很高，电荷基本上分布在金属表面一个原子层内。在半导体中，由于自由载流子密度比金属小得多，电荷必须分布在半导体表面一定的宽度范围内，有相反的电荷产生，并分布在半导体表面一定的宽度范围内，形成空间电荷区。在此空间电荷区内，形成内建电场，从表面到体内逐渐降低为零。由于内建电场的存在，空间电荷区的电势也在变化，导致空间电荷区的两端产生电势差 V_s，称为表面势，造成了能带的弯曲。此表面势是指半导体表面相对于半导体体内的电势差，所以，当表面电势高于体内电势时，表面电势为正值，反之为负值。表面势及空间电荷区内电荷的分布情况随金属与半导体间所加电压变化而变化，其基本状况可归纳为多数载流子堆积、多数载流子耗尽和少数载流子反型三种情况。现就这三种情况加以简要说明。

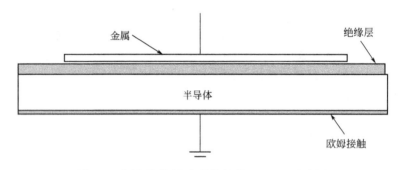

图 7-7　金属-绝缘层-半导体结构（MIS）示意图

（1）多数载流子堆积

图 7-8（a）示出了金属和 p 型衬底之间的结构模型。当金属一端加上负电压后（$U_g < 0$），金属的表面电势为负值，而与绝缘体相接的半导体表面就会聚集正电荷，形成多数载流子（空穴）堆积，且所加电压越大，堆积越多。致使能带在半导体表面空间电荷区自体内向表面逐渐上升弯曲，在表面处价带顶接近或超过费米能级，如图 7-8（c）所示。

（2）多数载流子耗尽

图 7-9（a）示出了金属和衬底之间的结构模型，当金属一端加上正电压后（$U_g > 0$），一开始在绝缘层和 p 型衬底中产生电场，这个电场力使半导体中的少数载流子向与绝缘层交界的表面运动，并与表面的空穴复合形成负离子（或者说使半导体中多数载流子空穴向内部运动而在表面留下负离子），这样在表面形成了负的空间电荷区。当有足够的负空间电荷屏蔽了电场，从而使半导体内部的电场为零时，这一过程就结束，这时表面的负空间电荷与金属 g 极上的正电荷相等，如图 7-9（b）所示。电场仅存在于绝缘层和表面的空间电荷区中，这意味着外加电压将落在绝缘层和表面空间电荷区。

空间电荷区的存在，使得表面的电子位能比半导体内部的电子位能低，这相当于在半导体表面，能带向下弯曲，能带的这种特点如图 7-9（c）所示。由图可见，在半导体表面 $E_c - E_F$ 比半导体内部减小了，这说明导带中的电子浓度增加，而 $E_F - E_v$ 增加了，说明价带中的空穴浓度减小。当电子浓度与空穴浓度相近时，空间电荷区的空穴近似耗尽，它和 p-n 结的耗尽区是一样的。不过，这个耗尽区不是扩散形成的，而是在外电场的作用下形成的。

（3）少数载流子反型

当金属一端 g 加上的正电压进一步增加时，要求半导体表面有更多的负电荷，因而表面的能带弯曲量也增加，耗尽区厚度相应地增加。但是当正电压增加到一定数值（等于 V_T）时，由于能带进一步弯曲，使导带底很接近费米能级 E_F，半导体表面的电子浓度将极大地增加。它不仅变成大于空穴的浓度（原来是少子的电子变为多子），甚至使 $n-p > N_a$ 即半导体表面的负电荷浓度主要由电子浓度所决定。在半导体表面很薄的一层中，变成可以导电的自由电子层，这是和 n 型半导体类似的 n 型层。由于它是在 p 型半导体表面由外电场造成的 n 型层，故称为反型层。而在反型层与体内之间还夹杂一层多数载流子的耗尽层。图 7-10 表示出现反型层时能带和电荷的分布情况。

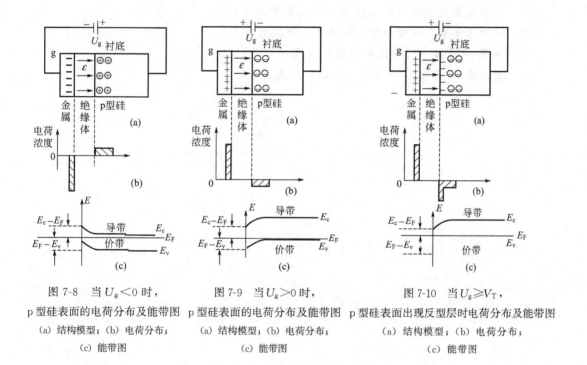

图 7-8　当 $U_g < 0$ 时，
p 型硅表面的电荷分布及能带图
(a) 结构模型；(b) 电荷分布；
(c) 能带图

图 7-9　当 $U_g > 0$ 时，
p 型硅表面的电荷分布及能带图
(a) 结构模型；(b) 电荷分布；
(c) 能带图

图 7-10　当 $U_g \geq V_T$ 时，
p 型硅表面出现反型层时电荷分布及能带图
(a) 结构模型；(b) 电荷分布；
(c) 能带图

一旦形成反型层，表面耗尽区宽度就接近最大值，它几乎不随 U_g 的增加而变宽。

本 章 小 结

（1）功函数

① 使固体中位于费米能级处的一个电子移到体外自由空间所需做的功，叫固体的功函数，或叫逸出功，用 W 表示。$W = E_0 - E_F$，式中，E_0 为真空中的静止电子能量；E_F 为费能级。

② 半导体的功函数（W_s）与半导体型号和掺杂浓度有关。n 型半导体，掺杂浓度越高功函数越低；p 型半导体，掺杂浓度越高功函数越高。

（2）金属与半导体接触

金属与半导体接触，因其功函数之差异，有以下三种情况：

① 具有整流效应，如肖特基二极管；

② 欧姆接触，相当于一个小电阻；

③ 介于整流接触和欧姆接触之间。

（3）MIS 状态

金属-绝缘层-半导体结构（MIS）在外加电场下有三种状态：多数载流子堆积、多数载流子耗尽和少数载流子反型。

习　　题

7-1　功函数的物理意义是什么？

7-2　什么是整流接触和欧姆接触？产生的原因是什么？

7-3　肖特基势垒二极管（SBD）具有哪些重要特点？

7-4　金属-半导体之间形成欧姆接触有几种机理？

7-5　简述金属-绝缘层-半导体（MIS）结构。

第8章 多晶硅材料的制取

8.1 冶金级硅材料的制取

硅在地球上的丰度达27%左右,仅次于氧,在自然界里没有单质的硅存在,它以其氧化物或硅酸盐的形态存在。人们在电弧炉中,利用含量较高的石英砂与焦炭或木炭在2000℃左右的条件下发生反应生成硅,如图8-1所示。这种硅杂质含量高,纯度一般为95%～99%,其中杂质Fe、Al最多。其反应式为

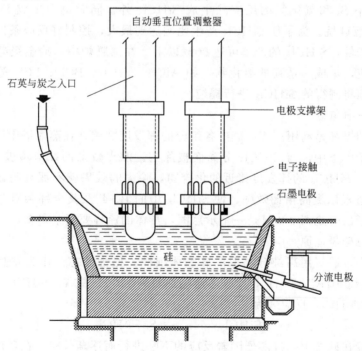

图 8-1 冶金级多晶硅生产示意图

$$SiO_2 + 2C \Longrightarrow Si + 2CO\uparrow$$

这种硅作为添加剂大量用于冶炼 Al、Fe 等冶金工业，称为冶金级硅或硅铁。只有极少数的高纯度的冶金级硅（纯度≥98%），才用于进一步提纯为高纯度的电子级多晶硅，大约占冶金级硅的 1%。

8.2 高纯多晶硅的制取

高纯多晶硅是指纯度对金属杂质而言高于 6 个"9"的硅材料，其中用于制作电子元件的硅材料纯度为 9 个"9"以上，而用于超大规模集成电路的硅材料，其纯度可达 10～11 个"9"。

这样的硅材料必须经过特殊提纯工艺才能达到。下面介绍几种主要方法。

8.2.1 三氯氢硅氢还原法

三氯氢硅氢还原法又称西门子法（Siemens），这种方法的主要步骤如下。

（1）原料的制备

① 将硅铁研磨成粒度为 80～120 目的粉末。

② 制取氯化氢气体。将氯气和氢气在合成炉中燃烧，生成氯化氢气体，再经冷却除水后备用，其反应式为

$$Cl_2 + H_2 \Longrightarrow 2HCl$$

（2）制取三氯氢硅

在沸腾炉中，使 Si 和干燥的氯化氢反应生成 $SiHCl_3$，其反应式为

$$Si + 3HCl \Longrightarrow SiHCl_3 + H_2$$

在沸腾炉中 Si 和氯化氢的反应除生成 $SiHCl_3$ 外，同时也会生成 $SiCl_4$、SiH_2Cl_2、SiH_3Cl 等其他氯硅烷。为了使 $SiHCl_3$ 产生比例达到最大，控制好反应条件是必要的。只要控制好反应条件，$SiHCl_3$ 的产率可达 90% 以上。在沸腾炉中，冶金级硅中所含的杂质也同时发生反应，生成一系列的氯化物，如 $AlCl_3$、$FeCl_3$、BCl_3、PCl_3 等，为了得到高纯度的硅，必须将制得的 $SiHCl_3$ 进行提纯。

（3）提纯三氯氢硅

三氯氢硅的提纯是利用三氯氢硅中各组分的挥发度之差，在蒸馏塔中进行的。沸点较高的高沸物集于塔釜中，与 $SiHCl_3$ 分离而被除去，沸点较低的在塔顶被除去，如图 8-2 所示。而那些与 $SiHCl_3$ 的挥发度接近的化合物，除去的效果就不那么明显，必须经过多级精馏或增加塔板以提高精馏效率，使 $SiHCl_3$ 中的 B、P 及其全部杂质含量达到 ppb 的数量级。应当指出的是图 8-2 只是一个示意图，具体的流程要复杂得多。

（4）三氯氢硅氢还原

在还原炉中，装好用高纯硅制取的硅晶体细棒，称为硅芯，作为发热体，其直径约 10mm。通入高纯 $SiHCl_3$ 和 H_2，给硅芯通电加热到 1100℃ 左右，$SiHCl_3$ 和 H_2 在炉内发生反应生成 Si 和 HCl，反应式为

$$SiHCl_3 + H_2 \Longrightarrow Si + 3HCl$$

反应物沉淀在硅芯上，硅芯便随着反应的不断进行而逐渐长粗。在目前的生产中，硅棒直径可长到 200mm 以上。

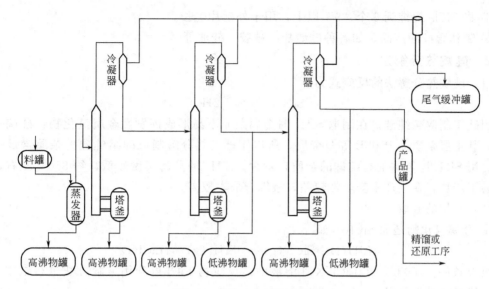

图 8-2 蒸馏工艺流程示意图

在还原炉中，除发生上述反应外，还同时发生 $SiHCl_3$ 的热分解反应。其反应式为

$$2SiHCl_3 \longrightarrow Si + SiCl_4 + 2HCl$$

$$4SiHCl_3 \longrightarrow Si + 3SiCl_4 + 2H_2$$

从上面的两种反应可以看出，多晶硅生产中产生的副产物 $SiCl_4$ 不是氢还原反应产生的，而是 $SiHCl_3$ 热分解反应的产物。在炉内 H_2 和 $SiHCl_3$ 的比例越大，$SiCl_4$ 的产率就越小，反之，就越大。但 H_2 的比例不能太大，太大会稀释 $SiHCl_3$ 的浓度，影响 $SiHCl_3$ 进行还原反应的概率，降低硅的沉积速率。一般控制 $SiHCl_3$ 与 H_2 的比（摩尔比）为 10∶1，而目前为了提高产率，将比率控制为（4~5）∶1。这样，$SiCl_4$ 就会产生得更多，因此，如何回收利用 $SiCl_4$ 是目前高纯多晶硅生产中的重要课题。

$SiHCl_3$ 中未除尽的杂质氯化物也会被 H_2 还原而沉淀在硅棒中，如 $2BCl_3 + 3H_2 \longrightarrow 2B + 6HCl$、$2PCl_3 + 3H_2 \longrightarrow 2P + 6HCl$ 等。用这种方法制取的多晶硅，纯度可达到 8~9 个 "9"，最好的可达 10 个 "9"。

（5）还原尾气的回收和利用

在还原尾气中含有大量的未反应的 $SiHCl_3$ 和 H_2 以及反应产物 HCl、$SiCl_4$ 等，必须回收，并分离提纯而加以利用。分离出的 $SiHCl_3$ 和 H_2 提纯后可再利用于生产，而 HCl 可再利用于 $SiHCl_3$ 的合成。$SiCl_4$ 的回收利用，则是主要课题。目前有以下几种途径。

① 在高温下与氢反应，被还原析出硅，其反应式为

$$SiCl_4 + 2H_2 \longrightarrow Si + 4HCl$$

此方法虽然简便，但其沉积速率低，生产效率不高，耗能高，大约每生产 1kg 硅，要比 $SiHCl_3$ 氢还原多耗电 $200kW \cdot h$ 以上。

② 使 $SiCl_4$ 氢化为 $SiHCl_3$，即目前的氢化法，其反应式如下

$$Si + 3SiCl_4 + 2H_2 \longrightarrow 4SiHCl_3$$

反应是在沸腾床反应器中进行的。

③ 将 $SiCl_4$ 提纯到 6 个 "9" 以上制作光纤。

④ 将 $SiCl_4$ 提纯到 6 个 "9" 以上，用于外延片生长。

⑤ 制作含硅的产品，如各种硅酸盐、硅胶、硅油等。

8.2.2 硅烷热分解法

（1）硅烷热分解法的反应式为

$$SiH_4 = Si + 2H_2$$

用硅烷制取高纯硅，在制取 SiH_4 时金属杂质不易形成挥发性金属氢化物，硅烷一旦制成，其主要杂质为 P 和 B 等非金属，所以用硅烷热分解制取的高纯硅的杂质含量一般来说比用 $SiHCl_3$ 制取的高纯硅的杂质含量少。SiH_4 的分解温度较低，约 850℃ 左右，但硅烷易于爆炸，在生产中安全性较差，且综合成本较高。

（2）硅烷的制取

① 金属氢化物还原 $SiCl_4$，如

$$4LiH(l) + SiCl_4(g) = SiH_4(g) + 4LiCl(l)$$

反应条件：400℃，在 $LiCl/KCl$ 溶液中。反应物 $LiCl$ 可利用电解方法进行电解，Li 和 Cl_2 都可以回收利用。

② Ethyl 法

$$H_2SiF_6 = SiF_4 + 2HF$$
$$SiF_4 + 4LiH = SiH_4 + 4LiF$$

所使用的 H_2SiF_6 为生产磷酸盐肥料的副产品。

③ Johnson's 法

$$Mg_2Si + 4NH_4Cl = SiH_4 + 2MgCl_2 + 4NH_3$$

④ MEMC 法

$$Na + Al + 2H_2 = NaAlH_4$$
$$H_2SiF_6 = SiF_4 + 2HF$$
$$NaAlH_4 + SiF_4 = SiH_4 + NaAlF_4$$

硅烷制成后，利用精馏技术加以提纯。

制取高纯硅，除以上几种方法外，还有一些其他的方法，但目前尚未形成实际生产技术，如利用流化床技术的 $SiHCl_3$、Zn 还原法等就不再一一介绍了。

8.3 太阳能级多晶硅的制取

太阳能级多晶硅的纯度要求远不及电子级多晶硅，为了降低太阳能电池的成本，目前太阳能电池用硅为单晶硅制取中的头尾料、回收料、低品位的还原料，甚至电子工业用硅的废料等。太阳能电池用硅的纯度在中国一般认为 6 个 "9" 就可以满足要求了，而国际上一般采用 7～8 个 "9" 的硅。使用西门子法等制备的高纯硅用于太阳能电池实际上很不经济。太阳能的使用要得到普及，其使用费用就应向市电价格靠近，至少也应向核电靠近。这就要求太阳能电池的价格从目前的 2 美元/W 左右降至 1 美元/W 以下，而在晶体太阳能电池生产费用中硅材料占其成本的 25% 以上。所以降低硅材料价格是降低太阳能电池生产成本的有效途径。而用西门子法生产多晶硅，工艺复杂，成本高，无法将生产成本降至太阳能电池生产要求的程度。因此，探索新的工艺生产太阳能级的多晶硅势在必

行，在这方面，目前已取得可喜的成绩，将冶金级硅升级到 4 个"9"的多晶硅已有单位可进行小批量的生产了。因为目前正处于研发之中，工艺都不成熟，现将工艺的主要途径做一些介绍。

① 真空挥发　将冶金级硅熔化，并不断抽出炉内的保护气体，降低炉内气压，让杂质从熔体表面迅速逸出，并由流动的保护气体带走。

② 利用化学反应　使杂质生成挥发性物质，如在保护气中加入氧、氢和氯等气体或在熔体中加进一些可与杂质反应而生成挥发物的物质，让它们与杂质反应生成挥发性物质后达到除杂质的目的。

③ 造渣除杂　利用化学反应使杂质生成炉渣，它们或浮于熔液表面，或沉于熔液底部，待熔液凝固后，予以除去。要注意的是，所加入的物质不能给硅带入新的杂质污染。

④ 定向凝固　使熔体从底部开始向上缓慢凝固，利用杂质在硅中的分凝效应将杂质赶至最后结晶的部分而加以除去。此法对除去分凝系数远小于 1 的杂质很有效，特别是金属杂质。

以上方法，可以单独使用，也可以综合使用，除这些方法外，还可能有其他的一些方法，如采用流化床工艺等。相信在不久的将来，专为生产太阳能电池级硅的、成本低廉的新工艺就会为人类所掌握。

本 章 小 结

(1) 冶金级硅的制取

石英砂（SiO_2）与焦炭或木炭在 2000℃左右反应。

(2) 高纯多晶硅的制取

① $SiHCl_3$ 氢还原法（Siemens 法）　这种方法同时伴有 $SiHCl_3$ 的热分解，$SiCl_4$ 是由热分解产生的，还原尾气的回收与利用非常重要。

② 硅烷热分解法　用此法生产的多晶硅杂质含量低，但易爆炸。

③ 太阳能级多晶硅的制取，目前还处于试验阶段。

习　　题

8-1　简述冶金级硅的冶炼原理。

8-2　简述三氯氢硅氢还原法制备高纯多晶硅的工艺。

8-3　简述硅烷热分解法。

8-4　太阳能级硅有什么特点？

第9章　单晶硅的制备

9.1　结晶学基础

（1）晶体的熔化和凝固

在自然界中构成物质的分子、原子都处在不停的热运动中，热运动的强弱受环境的影响（如温度、压力等）。温度降低，原子热运动减弱，温度上升，原子热运动加剧。当温度升到物质熔点时，晶体内原子热运动能量很高，但是由于晶体的晶格间有很大的结合力，温度虽然已达到熔点，但晶体内原子的热运动能量还未能克服晶格的束缚，因此还必须继续供给晶体热量，使晶体内原子的热运动进一步增强，才能克服晶格的束缚作用，晶格结构才能被破坏，由固态结构变成液态，这一过程叫晶体的熔化。

与熔化相反的过程叫凝固，也叫结晶，即由液态向固态晶体转化。

用分析方法可以测定晶体的熔化或凝固温度。在极其缓慢的加热或冷却过程中，每隔一定时间测定晶体或液体的温度，然后绘制成温度-时间的关系曲线，如图 9-1 所示。

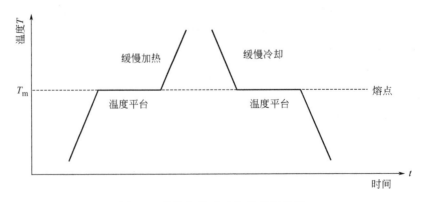

图 9-1　晶体加热或冷却的理想曲线

从曲线图上可以看出，加热时有一段时间温度保持不变，即"温度平台"。这一平台相对应的温度就是该晶体的熔点。在理想情况下，凝固也同样有一个平台，两个平台对应的温度是一致的。晶体熔化时吸收的热量叫熔化热（熔解热）；结晶时放出的热量，叫结晶潜热。

一般来说，晶体的熔点愈高，它的熔化热（或结晶潜热）也愈大。硅的熔点为（1416±4)℃，它的熔化热（或结晶潜热）为 12.1kcal/mol。

（2）结晶过程的宏观特征

理想情况下的熔化和凝固曲线与实际结晶和熔化的曲线不同。实际冷却速度不可能无限缓慢，冷却曲线会出现如图 9-2 所示的情况。这三条曲线表明：液体必须有一定的过冷度，结晶才能自发进行，即结晶只能在过冷熔体中进行。所谓"过冷度"，是指实际结晶温度与其熔点的差值，用 ΔT 表示。冷却条件相同熔体不同，ΔT 不同；同一熔体冷却条件不同，ΔT 也不同。就确定的熔体来说，ΔT 有一个最小值，称为亚稳极限，以 ΔT^* 表示。若过冷度小于这个值，结晶几乎不能进行，或进行得非常缓慢，只有 ΔT 大于 ΔT^* 时，熔体结晶才能以宏观速度进行。结晶过程伴随着结晶潜热的释放，由冷却曲线上反映出来。放出的结晶潜热速率小于或等于散发热量的速率时，结晶才能继续进行，一直到液体完全凝固，或者达到新的平衡。潜热释放速率大于散发的热能，温度升高，一直到结晶停止进行，达到新的平衡。有时局部区域还会发生回熔现象。因此结晶潜热的释放和逸散是影响结晶过程的重要因素之一。图 9-2 （a）、图 9-2 （b）、图 9-2 （c）是纯物质结晶时熔体冷却速度不同的几种冷却曲线示意图。曲线中各转折点表示结晶的开始或终结，其中图 9-2 （a）表示接近于平衡过程的冷却，结晶在一定过冷度下开始、进行和终结。在这种情况下，潜热释放和逸散相等，结晶温度始终保持恒定，完全结晶后温度才下降。图 9-2 （b）结晶在较大过冷度下开始，结晶较快，释放的结晶潜热大于热的逸散，温度逐渐回升，一直到二者相等。此后，结晶在恒温下进行，一直到结晶过程结束温度才开始下降。图 9-2 （c）结晶在很大的过冷度下开始，潜热的释放始终小于热的逸散，结晶始终在连续降温过程中进行。结晶终结，温度下降更快。图 9-2 （c）这种情况只能在体积较小的熔体中或大体积熔体的某些局部区域内才能实现。

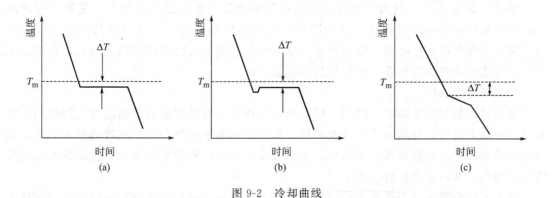

图 9-2　冷却曲线

在熔点以上的温度时，液态是稳定的，所以固态势必向液态转化即熔化；反之，在熔点以下的温度时，固态是稳定的，液态会自动向固态转变，即结晶；如果处在熔点温度，结晶和熔化速率相等，处于固液共存的平衡状态。因此，熔体过冷是自发结晶的必要

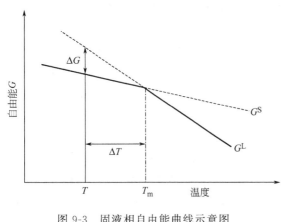

图 9-3　固液相自由能曲线示意图

条件。

（3）结晶的动力

结晶的过程可以近似为等温等压过程。根据热力学系统自由能理论，当系统的变化使系统的自由能减小时，过程才能进行下去。当温度大于晶体的熔点 T_m 时，液态自由能 G^L 低于固态自由能 G^S，从液态向固态的变化，自由能增大（$\Delta G > 0$），结晶不能进行下去；当温度小于晶体的熔点 T_m 时，液态自由能 G^L 高于固态自由能 G^S，从液态向固态的变化，自由能减小（$\Delta G < 0$），结晶就能自发进行下去，如图 9-3 所示。

9.2　晶核的形成

结晶是晶体在液体中从无到有，再由小到大的成长过程。从无到有称为"成核"，由小到大称为"长大"。成晶核的形式有两种：一是由于液体过冷，自发生成晶核，叫做自发成核；二是借助于外来固态物质的帮助，如在籽晶、坩埚壁、液体中的非溶性杂质等产生的晶核，称为非自发晶核。

（1）自发晶核的形成

晶体熔化成液态（熔体）后，作为宏观的固态结构已被破坏，但在液体中的近程范围内（几个或几十个原子范围内）仍然存在着规则排列的原子团，这些原子团由于原子的热运动瞬间聚集瞬间又散开，这种原子在极小范围的有序集聚称为"晶胚"。由于"晶胚"的存在，液态结构与气态相比，更接近固态。

一旦熔体具有一定的过冷度，晶胚就会长大，当晶胚长大到一定的尺寸时就成了晶核，晶核再继续长大就是结晶的开始。

晶胚的临界半径 r_c 的大小与熔体的过冷度有直接关系，过冷度越大，临界半径就越小，也就是说越容易形成晶核。过冷度越小，临界半径就越大，越不容易产生晶核。所以，有时尽管熔体有过冷度，但因为过冷度太小，晶胚的尺度未超过临界半径，形成不了晶核，只能处在亚稳定状态，没有结晶的可能。

（2）非自发成核

非自发成核就容易多了。例如，籽晶插入熔体后，籽晶就起到了结晶核心的作用，结晶就在籽晶上进行，籽晶成了非自发晶核。再如熔体有非熔性杂质，或者坩埚壁上某点，都可能成为成核的基底形成非自发晶核。非自发晶核形成时所需要的功比自发晶核形成时所需要的功小，非自发晶核容易形成。

从上面的分析可以得出下面的启示：由于非自发成核较自发成核容易得多，采用插入晶核（籽晶）的办法，就有可能生长出单晶体。只要在生长区以外的其他区域过冷度小于 ΔT^*，就不会有另外的晶核形成，就可以保证单晶的生长，这一点可通过在熔区内形成一定的温度梯度来实现。另外，在生长区以外的其他区域内也不允许存有其他的非自发核，如石英、石墨、氧化物（多晶的氧化夹层等）固体微粒等。否则，单晶生长就会被破坏。

（3）二维晶核的形成

设想有一个晶面，晶面上既无台阶也无缺陷，是一个理想的平面，当单个孤零零的液相原子扩散到这个晶面上，由于相邻的原子数太少，结合力很小，很难稳定。在这种状态下，引进二维晶核模型。由于熔体系统能量的涨落，某一定数量的液相原子差不多同时落在平滑界面上的邻近区域，形成一个具有单原子厚度 d 并有一定宽度的平面原子集团，称为二维晶核，如图 9-4 所示。根据热力学分析，这个集团大小必须超过某个临界值才能稳定，称为晶核临界半径，如图 9-4 中的 r。二维晶核形成

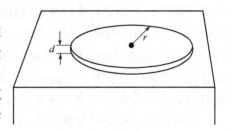

图 9-4　平滑界面二维晶核生长模型

所需要的功及晶核临界半径都与熔体过冷度成反比。熔体过冷度越大，临界半径越小，成核越容易。反之，熔体过冷度愈小，临界半径愈大，成核所需的功愈大，成核愈困难。二维晶核形成后，它的周围就形成了台阶，以后生长单原子沿台阶铺展，原子铺满整个界面一层，生长面又成了理想平面，又须依靠新的二维晶核形成，否则，晶体就不能继续生长，晶体用这种方式生长，成长速率相当缓慢。这就是"二维成核，平面生长"的理论模型。在（111）晶面上的小平面，就是二维晶核。

（4）晶体的长大

在单晶的成长过程中，晶核出现后，立即进入长大阶段。从宏观上来看，晶体长大是晶体界面向液相中推移的过程。微观分析表明，晶体长大是液相原子扩散到固相表面，按晶体空间点阵规律，占据适当的位置稳定地和晶体结合起来。为了使晶体不断长大，要求液相必须能连续不断地向结晶界面扩散供应原子，结晶界面不断地牢靠地接纳原子。液相不断供应原子不困难，结晶界面不断接纳原子就有一定的条件了，接纳的快慢，取决于晶体长大的方式和长大的线速度；取决于晶体本身的结构（如单斜晶系、三斜晶系、四方晶系等）和晶体生长界面的结构（面密排程度、面间距等）；取决于晶体界面的曲率等因素（凸形界面、凹形界面、其他形状的界面）。外部条件方面，生长界面附近的温度分布状况、结晶时潜热的释放速度和逸散条件等对晶体长大方式和生长速率影响也较大。结晶过程中，固相和液相间宏观界面形貌随结晶条件不同而不同。从微观原子尺度衡量，晶体与液体的接触界面大致有两类：一类是坎坷不平的、粗糙的，即固相与液相的原子犬牙交错地分布着；另一类界面是平滑的，具有晶体学的特性。图 9-5 中，界面 C 为平滑界面，这个界面是高指数晶面。由于液体中微观热运动的不平衡，以这样的晶面为结晶界面，必然会出现一些其高度大约相当于一个原子直径的小台阶，如图 9-5 中 A 所示。而 B 所处的位置则相当于一个平滑的密集晶

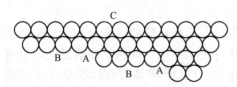

图 9-5　晶体与液体界面模型

面。显然，由液体扩散到晶体的原子，占据 A 处较之占据 B 处有较多的晶体原子为邻，易于与晶体牢靠结合起来，占据 A 处原子返回液体的概率比占据 B 处原子小得多。在这种情况下，晶体成长主要靠小台阶的侧向推移，依靠原子扩散到小台阶的根部进行。只要

界面的取向不发生变动，小台阶总是存在的，晶体可以始终沿着垂直于界面一层一层地稳步地向前推进。小台阶愈高，密度愈大，晶体成长的速度也愈快。一般来说，原子密度疏的晶面，台阶较大，法向生长线速度较快。由此可见，晶体不同晶面的法向生长线速率是不同的。法向生长速度较大的原子非密集面，易于被法向成长慢的原子密集面制约，不容易沿晶面扩展；反之，法向生长线速度最小的晶面，沿晶面扩展快。这个关系，可以示意性地用图9-6来说明。1号原子受三个相邻原子的吸引，一个距离近（为 a）两个距离远（为 $\sqrt{2}a$），2号原子也受到三个相邻原子的吸引，但是两个距离近一个距离远，它受到吸引就比1号强；3号原子受到四个相邻原子的吸引，两个距离近，另两个距离远，它受到吸引力又比2号大，因此3号原子最容易与晶体结合进入晶格座位，2号次之，1号再次之，换句话说，就是C晶面的法向生长线速率＞B晶面的法向生长线速率＞A晶面的法向生长线速率。从图9-6中也看出，C晶面的原子密度最小，B晶面次之，A晶面最密。这说明原子密度疏的晶面，法向生长线速度大。这种不同方向上生长线速度的差异，就使得非密集面逐渐缩小，而密集面逐渐扩大，若无其他因素干扰，最后晶体将成为以密集面为外表面的规则晶体，如图9-7所示，在生长过程中，晶体截面由八角形逐渐变成正方形的过程，最终晶体表面被密集面所覆盖。

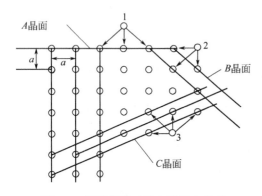

图 9-6 面网密度对质点的引力关系

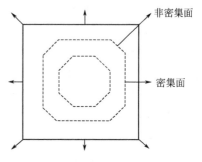

图 9-7 规则晶体长大时，表面逐渐被密集晶面所覆盖

值得注意的是，除了吸引力的大小之外，被接纳的原子首先必须是和晶体的结构相吻合，具备和晶体结构相同的方位，近乎相同的原子间距，才能有更大的可能与接收面相结合。

（5）生长界面结构模型

前面讲到晶体长大时，原子是如何被晶面接纳而进入晶格座位的，涉及的也只是单个原子，实际上，从熔体中生长单晶时，一般认为服从科塞尔理论：即在结晶前沿处，只有很薄的一层熔体是低于熔化温度的（过冷度为1℃左右），其余部分的熔体都是处于过热状态。在这薄层中的晶体生长，是首先在固液界面上形成二维晶核，然后侧向生长，直到铺满一层。

每一个来自环境相的新原子进入晶格座位，实现结合最可能的座位应是能量最低的位置。即结合成键时，最适宜的晶格座位应是成键数目最多、释放能量最多的位置，如图9-8中的（3）具有三面相邻的位置，因为（3）处原子和三个最近邻的原子成键，成键时放出的能量最多。其次利于结合原子的位置是台阶前沿的原子（2）和（5），它们均和两个最邻近原子成键。晶体在扭折处不断生长延伸，最后覆盖整个生长界面。晶体继续生长，需要在界面上再一次形成二维晶核，或产生新的台阶。

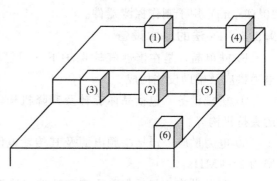

图 9-8　原子在光滑界面上，所有可能的不同生长位置

按照这个理论，新的层面开始形成时，单个原子难以在表面固定，晶体生长面仅仅是在生成二维晶核后才能继续生长，这个二维晶核的大小要超过一定的临界值才能长大，所以要求固相、液相具有一定的过冷度。

下面以凸界面为例（放肩时，通常都是凸界面）来进一步说明这种生长模型，示于图 9-9。

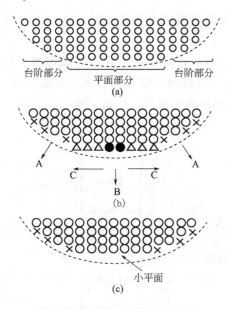

图 9-9　凸界面生长模型示意图

凸界面由两部分组成：如图 9-9（a）中所示，一部分是边缘的台阶部分，一部分是中心的平面部分。微观上看，一个台阶也就是一个或几个原子的高度；宏观上看，就是一个凸界面。虚线表示等温线。平面部分的法向生长靠二维晶核的形成来实现，它需要较大的过冷度，凸界面的最大过冷部位在界面的中心，所以中心最先形成二维晶核，如图 9-9（b）中的小黑点"●"所示。界面上平面部分的侧向生长由原子进入二维晶核侧面的台阶来实现，直到铺满整个平面部分（与等温面相交），如图 9-9（b）中的"△"和"×"部分，所需过冷度较小，故侧向生长的速率就快。

凹界面的生长模型也可以照此分析，只不过凹界面的最大过冷点不在中心，而在边缘部分。

多晶硅是不能直接用来做电子器件和太阳能电池的，必须把多晶硅拉制成单晶硅或制成铸造硅（大颗粒的多晶硅）才能加以利用。单晶硅的制备，就目前已形成规模生产的方法有两种，即区熔法和直拉法。

9.3　区熔法

区熔法（zone melting method）又称 Fz 法（float-zone method），即悬浮区熔法。于 1953 年由 Keck 和 Golay 两人将此法用在生长硅单晶上。区熔硅单晶由于它在生产过程中不使用石英坩埚，氧含量和金属杂质含量都远小于直拉硅单晶，因此它主要被用于制作高反压元件上，如可控硅、整流器等，其区熔高阻硅单晶（一般电阻率为 $10^3 \Omega \cdot cm$ 以至

$10^4\Omega \cdot cm$）用于制作探测器件。

9.3.1 Fz 法的基本设备

Fz 硅单晶，是在惰性气体保护下，用射频加热制取的，它的基本设备由机械结构、电力供应及辅助设施构成。

① 机械设备　包括晶体旋转及升降机构，高频线圈与晶棒相对移动的机构，硅棒料的夹持机构等。

② 电力供应　包括高频电源及其传输电路，各机械运行的控制电路。高频电源的频率为 2~4MHz。

③ 辅助设施　包括水冷系统和保护气体供应与控制系统，真空排气系统等。

9.3.2 区熔硅单晶的生长

① 原料的准备：将高质量的多晶硅棒料的表面打磨光滑，然后将一端切磨成锥形，再将打磨好的硅料进行腐蚀清洗，除去加工时的表面污染。

② 装炉：将腐蚀清洗后的硅棒料安装在射频线圈的上边。将准备好的籽晶装在射频线圈的下边。

③ 关上炉门，用真空泵排除空气后，向炉内充入惰性气体（氩气或氢与氮的混合气等），使炉内压力略高于大气压力。

④ 给射频圈送上高频电力加热，使硅棒底端开始熔化，将棒料下降与籽晶熔接。当熔液与籽晶充分熔接后，使射频线圈和棒料快速上升，以拉出一细长的晶颈，消除位错。晶颈拉完后，慢慢地让单晶直径增大到目标大小，此阶段称为放肩。放肩完成后，便转入等径生长，直到结束。其过程示于图 9-10。

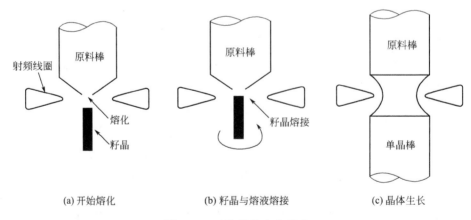

(a) 开始熔化　　　　　　(b) 籽晶与熔液熔接　　　　　　(c) 晶体生长

图 9-10　区熔单晶生产示意

9.3.3 区熔硅单晶生长中的几个理论问题

（1）在各种不同生长状况下，熔区内热对流的情况

由于采用高频加热，高频电磁具有趋肤效应，物体表面薄层的电流大，使熔区表面的温度比其他地方高，形成如图 9-11（a）所示的对流。如果多晶原料棒不旋转或转速很慢，且与晶体同向，所产生的流动方式如图 9-11（b）所示。如果多晶原料棒与单晶的旋转方向相反，所产生的流动方式如图 9-11（c）所示。表面张力所产生的流动方式如图 9-11（d）所示，这种流动方式在其生产过程中影响较大。由射频线圈导生的电磁力，会使熔

区产生如图 9-11（e）所示的对流。在实际生产中，是以上各种流动方式的综合。总的来说，在较慢的生长速率下，固液界面是凸形的。在生长速率较快时，固液界面如图 9-11（f）所示。

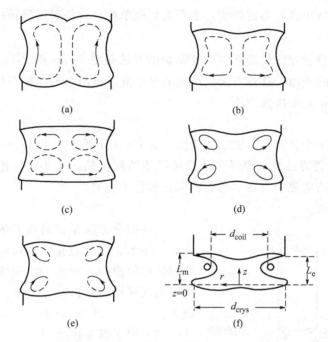

图 9-11 熔区里的对流示意

在图 9-11（f）中，L_e 为熔体高度，L_m 为熔体最大高度，d_{coil} 为加热线圈内径，d_{crys} 为晶体直径。

（2）表面张力的影响

在悬浮区熔法中，熔体之所以被支撑在单晶及料棒之间，主要是由于硅熔体表面张力的作用。通过假设表面张力为唯一支撑力进行推算，估计能够维持稳定形状的最大熔区长度 L_m。

$$L_m \leqslant A\left(\frac{r}{\rho g}\right)^{\frac{1}{2}} \tag{9-1}$$

式中，$A=2.62\sim3.41$。对硅而言，$\left(\dfrac{r}{\rho g}\right)^{\frac{1}{2}}=5.4\text{mm}$。在实际中，熔区的长度 L_e 与线圈直径、晶体直径都有关系。由上述公式估算之值，只在晶体直径较小的情况下有效，而对较大直径的晶体来说，只能依赖实践经验来确定。

（3）电磁托力

高频电磁场对熔区的形状及稳定性有一定的影响，尤其当高频线圈内径很小时，影响较大，以致此种支撑力在程度上能与表面张力相当。晶体直径越大，电磁支撑力的影响就越显著。

（4）重力的作用

很明显，重力扮演着破坏熔区稳定的角色。当重力的作用超过了支撑力作用时，熔区就会发生流垮，这一作用严重地限制了区熔单晶直径的增大。目前直径 150mm 的单晶已能商品化生产。若无重力影响，Fz 法在理论上可生长出任何直径的单晶。

(5) 离心力的影响

离心力是晶体旋转产生的，主要影响固液界面的熔体。离心力的影响随着晶体直径的增大而增大，为了减小离心力的影响，生产大直径单晶时，都采用低转速。

9.3.4 掺杂方法

区熔硅单晶的掺杂方法是多样的。较原始的方法是将 B_2O_3 或 P_2O_5 的酒精溶液直接涂抹在多晶硅棒料的表面。这种方法生产出的单晶硅，电阻率分布极不均匀，且掺杂量也很难控制。下面介绍几种掺杂方法。

(1) 填装法

这种方法较适用于分凝系数较小的杂质，如 Ga（分凝系数为 0.008）、In（分凝系数为 0.0004）等。这种方法是在原料棒接近圆锥体的部位钻一个小洞，把掺杂原料填塞在小洞里，依靠分凝效应使杂质在单晶的轴向分布趋于均匀。

(2) 气相掺杂法

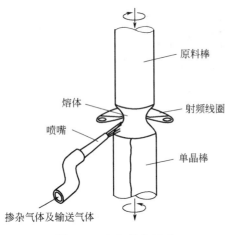

图 9-12　气相掺杂示意

这种掺杂方法是将易挥发的 PH_3（n 型）或 B_2H_6（p 型）气体直接吹入熔区内。这是目前最普遍使用的掺杂方法之一，所使用的掺杂气体必须用氩气稀释后，再吹入熔区。此方法如图 9-12 所示。

(3) 中子嬗变掺杂

用前述两种掺杂法生产的 Fz 硅单晶，电阻率不很均匀。利用中子嬗变掺杂（NTD）方法，可以制取 n 型、电阻率分布均匀的 Fz 硅单晶。它的电阻率的径向分布的不均匀率可达 5% 以下。而采用一般掺杂方法，电阻率不均匀率一般为 15%～25%，甚至更差。中子嬗变掺杂方法目前广泛地被采用，它是在核反应堆中进行的。硅有三种稳定性同位素，^{28}Si 占 92.23%，^{29}Si 占 4.67%，^{30}Si 占 3.1%。其中 ^{30}Si 俘获一个热中子成 ^{31}Si，^{31}Si 极不稳定，释放出一个电子而嬗变为 ^{31}P。其反应式为

$$^{30}Si + n \longrightarrow {}^{31}Si + r$$

$$^{31}Si \longrightarrow {}^{31}P + e$$

式中　n——热中子（能量为 $10^{-2}eV$ 左右的中子，标准热中子的能量 $=0.025eV$，相应的速度 $=2200m/s$）；

　　　r——光子；

　　　e——电子。

^{31}Si 的半衰期为 2.6h。

由于 ^{30}Si 在 Si 中的分布是非常均匀的，加之热中子对硅而言几乎是透明的，所以 Si 中的 ^{30}Si 俘获热中子的概率几乎是相同的，因而嬗变产生的 ^{31}P 在硅中的分布非常均匀，因此电阻率分布也就非常均匀。在反应堆中，除热中子外还有大量的快中子，快中子不能被 ^{30}Si 俘获，而且快中子将会撞击硅原子使之偏离平衡位置。另一方面在进行核反应过程

中，^{31}P 大部分也处在晶格的间隙位置。间隙 ^{31}P 是不具备电活化性的，所以中子辐照后的 Fz 硅表观电阻率极高，这不是硅的真实电阻率，需要经过 800～850℃ 的热处理，使在中子辐照中受损的晶格得到恢复，中子辐照后的硅的真实电阻率才能得到确定。

这种方法只适于制取电阻率大于 30Ω·cm（掺杂浓度为 1.5×10^{14} cm^{-3}）的 n 型产品。电阻率太低的产品，中子辐照时间太长，成本很高。

9.4 直拉法

直拉法又称 Cz 法，目前，98％的电子元件都是用硅材料制作的，其中约 85％是用直拉硅单晶制作的。直拉硅单晶由于具有较高的氧含量，机械强度比 Fz 硅单晶大，在制作电子器件过程中不容易形变。由于它的生长是把硅熔融在石英坩埚中而逐渐拉制出来的，其直径容易做大。目前直径 300mm 的硅单晶已商品化，直径 450mm 的硅单晶也已试制成功，直径的增大有利于降低制作电子元器件的单位成本。

9.4.1 Cz 法的基本设备

Cz 法的基本设备有：炉体、晶体及坩埚的升降和传动部分，电器控制部分和气体控制部分，此外还有热场的配置，如图 9-13 所示。图 9-14 为实际的一种生产炉的照片。

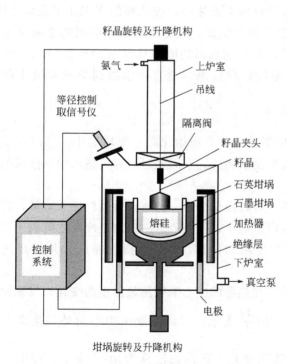

图 9-13 Cz 法的基本设备

图 9-14 直拉单晶生长

（1）炉体

炉体采用夹层水冷式的不锈钢炉壁，上下炉室用隔离阀隔开，上炉室为生长完成后的晶棒停留室和更换籽晶等的操作室，下炉室为单晶生长室，其中配有热场系统。

（2）晶体及坩埚的转动及提升部分

晶体一般由软轴即吊线挂住，软轴可用不锈钢或钨丝做成。在炉的顶部配有晶轴的旋转和提升机构，坩埚支撑轴为空心水冷式的不锈钢轴，在炉体下部配有转动及升降机构。拉晶时，晶体和坩埚是反向旋转的。

（3）控制部分

控制部分是用以晶体生长中控制各种参数的电控系统。直径控制器通过 CCD 读取晶体直径，并将读数送至控制系统。控制系统会输出信号调整拉速及温度，以使晶体直径维持在设定位。同样的，控制器对晶体转速，坩埚转速，坩埚升速，炉内压力，Ar 流量，冷却水压力、流量及各项安全报警等进行着全程监控。

（4）气体控制部分

主要控制炉内压力和气体流量，炉内压力一般为 10～20Torr（1Torr＝133.322Pa，下同），Ar 流量一般为 60～150slpm［L（标）/min］。

（5）热场配置

热场包括石英坩埚、石墨坩埚、加热器、保温层等，石英坩埚内层一般须涂一层高纯度的 SiO_2 以减少普通石英中的杂质对熔硅的污染。由于石英在 1420℃ 时会软化，将石英坩埚置于石墨坩埚之中，由石墨坩埚支撑着。石墨坩埚通过一石墨杆（托杆）与炉体的坩埚轴连接。为了避免在硅液体凝固时膨胀撑破石墨坩埚，将石墨坩埚做成两瓣或三瓣，以释放硅凝固时的应力。碳素纤维做成的坩埚可做成整体的。加热器的作用在于提供热能，目前加热器一般为电阻式的，用石墨或碳素纤维做成。电力为低压大电流的直流供电系统，电压只有几十伏，而电流为几千安培，所以加热器的电阻只有 0.01～0.015Ω。保温层一般用石墨和碳毡做成，使加热器发生的热尽可能少地直接辐射到炉壁而被冷却水带走。

9.4.2 Cz 硅单晶生长工艺

Cz 硅单晶的生长，是将硅原料连同所需掺入的杂质熔化在石英坩埚中，然后在熔点温度下用晶种（籽晶）引出，逐渐长大而拉制成功的。下面先讨论有关热场的一些问题。

（1）温度梯度与单晶生长

前面讲到，让熔体在一定的过冷度下，将籽晶作为唯一的非自发晶核插入熔体，籽晶下面生成二维晶核，横向排列，单晶就逐渐形成了，但是要求一定的过冷度才有利于二维晶核的不断形成，同时不允许其他地方产生新的晶核，热场的温度梯度必须满足这个要求。

对静态热场的温度分布进行测量：沿着加热器的中心轴线测量温度的变化，发现加热器的中心略偏下温度最高。纵向温度梯度用 $\dfrac{dT}{dy}$ 表示；径向温度由中心向外是逐渐上升的，中心最低，加热器边缘最高，成抛物线变化。径向温度梯度用 $\dfrac{dT}{dr}$ 表示，如图 9-15 所示。

单晶硅生长时，热场中存在着不同的温度梯度。在晶体中有纵向温度梯度 $\left(\dfrac{dT}{dy}\right)_S$ 和径

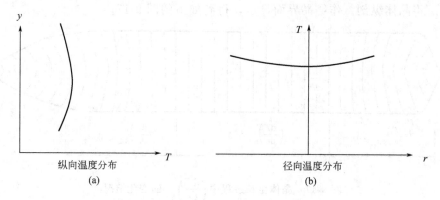

图 9-15　加热器温度分布示意图

向温度梯度 $\left(\dfrac{\mathrm{d}T}{\mathrm{d}r}\right)_{\mathrm{S}}$，在熔体中也有纵向温度梯度 $\left(\dfrac{\mathrm{d}T}{\mathrm{d}y}\right)_{\mathrm{L}}$ 和径向温度梯度 $\left(\dfrac{\mathrm{d}T}{\mathrm{d}r}\right)_{\mathrm{L}}$。特别值得注意的是生长界面处的径向温度梯度 $\left(\dfrac{\mathrm{d}T}{\mathrm{d}r}\right)_{\mathrm{S\text{-}L}}$ 对晶体的生长影响较大。晶体生长时，硅单晶的纵向温度梯度粗略地讲，离结晶界面越远，温度越低，即 $\left(\dfrac{\mathrm{d}T}{\mathrm{d}y}\right)_{\mathrm{S}}>0$，如图 9-16 所示。

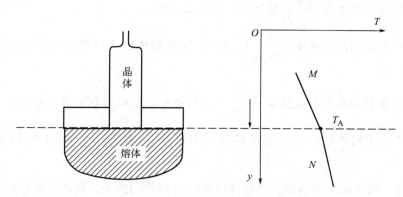

图 9-16　晶体的纵向温度梯度

T_{A} 为结晶温度，虚线表示液面。当 $\left(\dfrac{\mathrm{d}T}{\mathrm{d}y}\right)_{\mathrm{S}}$ 较大时，有利于结晶潜热的散发，对提高拉速有利。实际上，因为保温系统的制约它不可能太大。

晶体生长时，熔体的纵向温度梯度 $\left(\dfrac{\mathrm{d}T}{\mathrm{d}y}\right)_{\mathrm{L}}$ 较大时，在液体中不容易生成其他晶核，有利于保持单晶生长，但不利于提高拉速。

热场的径向温度梯度，由加热器供给的热能、结晶释放的潜热和热能的散发所决定。在固液交界面处，一般来讲，晶体上部，中心温度较低，晶体边缘温度较高，固液界面对晶体而言呈凸形；晶体下部，中心温度较高，晶体边缘温度较低，固液界面对晶体而言呈凹形。

在晶体生长的整个过程中，结晶界面处的径向温度梯度 $\left(\dfrac{\mathrm{d}T}{\mathrm{d}r}\right)_{\mathrm{S\text{-}L}}$ 随着晶体的生长在不

断地变化。将晶体纵剖，作结晶界面显示，得到如下的图 9-17。

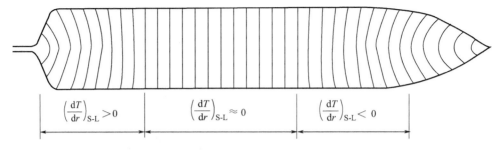

$$\left(\frac{dT}{dr}\right)_{S\text{-}L}>0 \qquad \left(\frac{dT}{dr}\right)_{S\text{-}L}\approx 0 \qquad \left(\frac{dT}{dr}\right)_{S\text{-}L}<0$$

图 9-17　晶体生长过程中 $\left(\dfrac{dT}{dr}\right)_{S\text{-}L}$ 的变化情况

从图 9-17 中可以看出：硅单晶放肩时，结晶界面凸向熔体。随着晶体的生长，凸的趋势慢慢减弱，凸界面逐渐变平。然后又由平逐渐凹向晶体，越到尾部凹的趋势越明显。

由于现在装料量大，晶体直径也大，做到结晶界面很平坦是不容易的，然而接近平坦是可以办到的，很弱的凸界面及凹界面都可以看成接近平坦，而且这种界面有利于二维晶核的成核及长大。

总之，合理的热场，其温度分布应该满足如下条件。

① 晶体中纵向温度梯 $\left(\dfrac{dT}{dy}\right)_{S}$ 足够大，但不能过大。

② 熔体中的纵向温度梯度 $\left(\dfrac{dT}{dy}\right)_{L}$ 比较大，保证熔体内不产生新的晶核，但是，过大对提高拉速不利。

③ 结晶界面处的纵向温度梯度 $\left(\dfrac{dT}{dy}\right)_{S\text{-}L}$ 适当地大，使单晶有足够的生长动力，不能太大，否则会产生结构缺陷；径向温度梯度尽可能小，即 $\left(\dfrac{dT}{dr}\right)_{S\text{-}L}\approx 0$，使结晶界面趋于平坦。

严格来说，晶体的生长条件，是各种因素综合影响的结果，所谓热场合理，就是在这种条件下，能满足成晶条件的范围较宽，即使出现一定的扰动，晶体仍处在可顺利生长的条件之中，不会影响晶体的生长。

（2）工序中的各步骤

① 原料的准备　还原炉中取出的多晶硅经破碎成块状，用氢氟酸与硝酸的混合液进行腐蚀，再用纯净水进行清洗，直到中性，烘干后备用。氢氟酸浓度为 40%，硝酸的浓度为 68%，在一般情况下，HNO_3：HF 为 5：1（体积比）。根据室温及反应速度的快慢可做适当调整。反应式为

$$Si+2HNO_3 = SiO_2+2HNO_2$$
$$2HNO_2 = NO\uparrow+NO_2\uparrow+H_2O$$
$$SiO_2+6HF = H_2SiF_6+2H_2O$$

综合反应式：$Si+2HNO_3+6HF = H_2SiF_6+NO\uparrow+NO_2\uparrow+3H_2O$

腐蚀清洗的目的是除去在运输和硅块加工中在硅料表面留下的污染物。HNO_3 比例偏大有利于氧化，HF 比例偏大有利于 SiO_2 的剥离，若 HF 比例偏小，就有可能在硅料

表面残留 SiO_2，所以控制好 HNO_3 和 HF 的比例是很重要的。腐蚀时间要根据硅料表面污染程度的不同而不同。清洗所用纯水的纯度为：电阻率≥12MΩ·cm。清洗中浮渣一定要漂洗干净。还必须指出的是，腐蚀清洗前必须将附在硅原料上的石墨、石英渣及油污等清除干净。

石英坩埚若为已清洁处理的免洗坩埚，则拆封后就可使用，否则也需经腐蚀清洗后才能使用。现在使用的 $\phi10in$（1in＝25.4mm，下同）以上的坩埚，都是免洗坩埚。

所用的籽晶也必须经过腐蚀清洗后才能使用。

② 装炉
- 选定与生产产品相同型号、晶向的籽晶，把它固定在籽晶轴上。
- 将石英坩埚放置在石墨坩埚中。
- 将硅块料及所需掺入的杂质料放入石英坩埚中，装料时要注意大小尺寸块的搭配，也不得堆得太高，以免熔料时硅料搭桥垮塌溅料。

装炉要注意：热场各部件要垂直、对中，从内到外、从下到上逐一对中，对中时绝不可使加热器变形。

③ 抽空　装完炉后，将炉子封闭，启动机械真空泵抽空。

④ 加热熔化　待真空达到要求后（一般为 1Pa 左右）检漏，通入氩气，使炉内压力保持在规定的范围，一般为 15Torr 左右，然后开启电源向石墨加热器送电，加热至 1420℃ 以上，将硅原料熔化，熔料时温度不可过高也不可太低，太低熔化时间加长，影响生产效率，过高加剧了 Si 与石英坩埚的反应，增加石英中的杂质进入熔硅，太高甚至发生喷硅。化料中要随时观察是否有硅料挂边、搭桥等不正常现象，若有就必须及时加以处理。

⑤ 晶颈生长　硅料熔化完后，将加热功率降至引晶位置，坩埚也置于引晶位置，稳定之后将晶种降至与熔硅接触并充分熔接后，拉制细颈。籽晶在加工过程中会产生损伤，这些损伤在拉晶中就会产生位错，在晶种熔接时也会产生位错，而位错的滑移方向为 (111) 面 ＜110＞ 方向，它与 ＜100＞ 或 ＜111＞ 晶向都成一夹角，拉制细颈就是要让籽晶中的位错从细颈的表面滑移出来加以消除，而使单晶体为无位错。只要晶颈够长，消除晶颈中的位错是可以实现的。＜100＞ 方向生长的单晶，生长方向与滑移方向成 35°16″，$cot35°16″＝1.41$，即晶颈长度理论上至少要为晶颈直径的 2 倍，但在实践中都要拉到 10 倍以上。又如 ＜111＞ 方向生长的单晶，生长方向与滑移方向成 19°28″，$cot19°28″＝2.83$，即晶颈长度理论上至少为晶颈直径的 3 倍，而在实践中要到 10 倍以上。

引晶埚位的确定：对一个新的热场来说，一下就找准较理想的结晶埚位是较难的。一般来说可使液面在加热器平口下 50～70mm 之间试拉，以实践为准。埚位偏低，热惯性大，温度反应慢，想放大许久放不出来，想缩小许久不见收；埚位偏高，热惯性小，不易控制；埚位适当，缩颈、放肩都好操作。不同的热场或同一热场拉制不同品种的产品，埚位都可能不同。热场使用一段时间后，由于 CO 等的吸附，热场性能将会改变，埚位也应做一些调整。

引晶温度的判断：在 1400℃ 熔硅与石英反应生成 SiO，可借助其反应速率即 SiO 排放的速率来判断熔硅的温度。具体来讲，就是观察坩埚壁处液面的起伏情况来判断熔硅的温度。温度偏高，液体频繁地爬上埚壁又急剧下落，埚边液面起伏剧烈；温度偏低，埚边液面较平静，起伏很微；温度适当，埚边液面缓慢爬上又缓慢落下。

在温度适当的情况下，稳定几分钟后就可将籽晶插入进行熔接。图 9-18 示出籽晶插入时的各种状况：液体温度偏高，籽晶与硅液一接触，马上出现光圈，亮而粗，液面掉起很高，光圈抖动，甚至熔断；液体温度偏低，籽晶与硅液接触后，不出现光圈或许久后只出现一个不完整的光圈，甚至籽晶不仅不熔接，反而结晶长大；液体温度适中，籽晶与硅液接触后，光圈慢慢出现，逐渐从后面围过来成一宽度适当的完整光圈，待稳定后，便可降温引晶了。

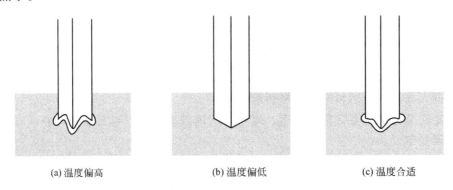

    (a) 温度偏高   (b) 温度偏低   (c) 温度合适

图 9-18　熔接时熔硅不同温度示意图

晶颈直径的大小，要根据所生产的单晶的重量决定，其经验公式为

$$d = 1.608 \times 10^{-3} DL^{\frac{1}{2}} \tag{9-2}$$

式中　　d——晶颈直径；

　　　　D——晶体直径；

　　　　L——晶体长度。

D 和 L 的单位均用 cm。目前，投料量为 60～90kg，晶颈直径为 4～6mm。

晶颈较理想的形状是：表面平滑，从上至下直径微收或等径，有利于位错的消除。

⑥ 放肩　晶颈生长完后，降低温度和拉速，使晶体直径渐渐增大到所需的大小，称为放肩。放肩角度必须适当，角度太小，影响生产效率，而且因晶冠部分较长，晶体实收率低。一般采用平放肩（150°左右），但角度又不能太大，太大容易造成熔体过冷，严重时将产生位错和位错增殖，甚至变为多晶。

⑦ 等径生长　晶体放肩到接近所需直径（与所需直径差 10mm 左右）后，升温升拉速进行转肩生长。转肩完后，调整拉速和温度，使晶体直径偏差维持在 ±2mm 范围内等径生长。这部分就是产品部分，它的质量好坏决定着产品的品质。热场的配置、拉晶的速率、晶体和坩埚的转速、气体的流量及方向等对晶体的品质都有影响。这部分生长一般都在自动控制状态下进行，要维持无位错生长到底，就必须设定一个合理的控温曲线（实际上是功率控制曲线）。

有经验的拉晶手，从晶体在炉内的外观就可以判断晶体是否为无位错。<100>晶向生长的单晶，外观上可以见到 4 条等距对称的晶线，<111>晶向生长的单晶，外观上可以见到 3 条等距的晶线，一旦晶线出现异常，则无位错生长已破坏。

在晶体生长状态下，固液界面处存在着温度径向和纵向梯度，即存在着热应力；晶体在结晶和冷却过程中，又会产生机械应力。当外界应力超过了晶体的弹性应力时，位错就会产生，以释放其外界应力。当固液界面平坦时，热应力和机械应力都最小，有利于晶体的无位错生长。如当固液界面呈凹形时，晶体外围比中心先凝结，中心部位凝结时，因外围已凝结而使其体积的膨胀没有足够的空间扩张，造成晶体内机械应力过大而产生位错。因此，晶体在生长过程中常在下半部发生无位错消失的情况，适当地降低拉速将有利于维持晶体的无位错生长。在自动控制状态下，设定一个合理的拉速控制曲线也是非常重要的。特别是在接近尾部液面已降至坩埚底部的圆弧以下时，液体的热容量减小较快，必须注意提升功率和降低拉速，否则，无位错生长将被破坏。

熔体的对流对固液界面的形状会造成直接的影响，而且还会影响杂质的分布。图9-19 示出了各种因素对熔体对流的作用。总的来说，自然对流、晶体提升引起的对流不利于杂质的均匀分布，晶体和坩埚的转动有利于杂质的均匀分布，但转速太快会产生紊流，既不利于无位错生长也不利于杂质的均匀分布，下面对各种因素做一些分析。

自然对流：由于熔体周边的温度比轴心高，底部温度比上部高，在重力的作用下熔体形成对流，称为"自然对流"，如图 9-19（a）所示。对流的程度可由格拉斯霍夫（Grashof）数（Gr）来判断。

$$Gr = ag\Delta T \frac{d^3}{\nu_k^2} \tag{9-3}$$

式中　a——液体热膨胀系数；

　　　d——坩埚内径或液体深度；

　　　ΔT——体内最大温度偏差；

　　　ν_k——液体动力黏滞系数；

　　　g——重力加速度。

由于 $Gr \propto d^3$，坩埚内径越大，液体越深，液面越大，自然对流程度越大，甚至会形成紊流，影响单晶的正常生长。对硅而言，$Gr = 1.56 \times 10^4 \Delta T d^3$，临界值为 10^5。经估计，在目前热场条件下，其值可达 10^8，所以必须依靠其他的对流来加以抑制，才能使晶体生长稳定。

晶体转动的影响：晶体转动一方面可以改善液体温度的轴对称性，另一方面又可抑制自然对流，如图 9-19（d）所示。晶体转动会使紧临固液界面下的熔体往上流动，并借助离心力往外流动，这种流动与自然对流作用相反。由晶体转动引起的液体流动程度可由雷诺数（Reynolds number，Re）来描述。

$$Re = \frac{\omega_s r^2}{\nu_k} \tag{9-4}$$

式中　r——晶体半径；

　　　ω_s——晶体的转速。

在液面宽而深的情况下，晶体转动引起的流动只能在固液界面下的小区域内起作用，其他区域仍主要受自然对流影响。当液面变小深度变浅时，晶体转动的作用就越来越大，自然对流的影响就越来越小。如果 Re 超过 3×10^5，则晶体转动也会造成紊流。对 $\phi 8in$ 的

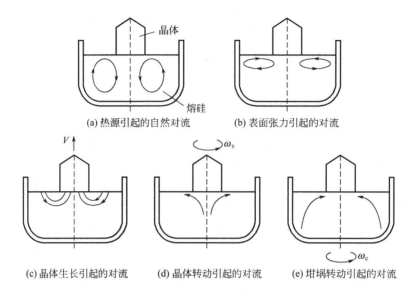

(a) 热源引起的自然对流　　(b) 表面张力引起的对流

(c) 晶体生长引起的对流　　(d) 晶体转动引起的对流　　(e) 坩埚转动引起的对流

图 9-19　各种因素对熔体对流的影响

晶体而言，要达到 $3×10^5$，晶体转速要在 20r/min 以上。

坩埚转动的影响：如图 9-19（e）所示，坩埚转动将使外侧的熔体往中心流动，其影响程度由泰勒（Taylor）常数（Ta）来判定。

$$Ta = \left(\frac{2\omega_c h^2}{\nu_k}\right)^2 \tag{9-5}$$

式中　ω_c——坩埚转速；

　　　h——熔体深度。

埚转不仅可以改善熔体的热对称性，还可以使熔体的自然对流呈螺旋状，从而增加径向的温度梯度。图 9-20 示出晶体转动和坩埚转动交互作用后可能形成的熔体流动形式。当晶体转动和坩埚转动的方向相反时，引起熔体中心形成一圆柱状的滞怠区。在这个区域内，熔体以晶体转动和坩埚转动的相对角速度做螺旋运动，在这个区域外，熔体随坩埚的转动而运动。熔体的运动随晶体转动与坩埚转动速度不同而呈现出复杂的状况，若晶体转动和坩埚转动配合不当，容易出现固液界面下杂质富集（贫乏）层的厚度不均匀，造成晶体内杂质分布得不均匀。

表面张力的影响：在地面上与自然对流相比是很小的，可忽略不计，但在太空中就不可忽略了。

事实上，固液界面的形状、熔体的对流状况是所有拉晶工艺参数的综合效果，各种因素的影响必须全面加以考虑。

⑧ 收尾　晶体等径生长完毕后，如果立刻将晶体与熔液分离，热应力将使晶体产生位错排和滑移线，并向晶体上部延伸，其延伸长度可达晶体直径的一倍以上。为避免这种情况发生，必须将晶体的直径慢慢缩小，直到接近一尖点才与液面分离，这一过程称为收尾。收尾是提高产品实收率的重要步骤，切不可忽略。

此后，将生长的晶体升至副炉室中，待冷却后拆炉。这样，便完成了单晶生长的一个周期。

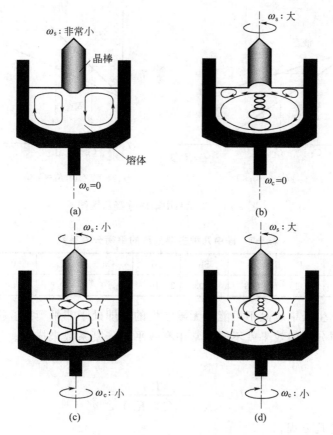

图 9-20　晶体转动-坩埚转动交互作用下
的 4 种可能的流动形式

9.5　杂质分凝和氧污染

在拉制单晶的过程中，有两个现象必须加以考虑：一是杂质的分凝效应；二是氧的污染。

9.5.1　杂质的分凝

当固液平衡共存时，固液中的组分发生偏析，这种现象称为分凝。固体中的杂质浓度 C_S 与液体中的杂质浓度 C_L 之比定义为平衡分凝系数 K_0。

$$K_0 = \frac{C_S}{C_L} \tag{9-6}$$

在图 9-21 中，以 A、B 二元系统来进行阐述。C_S 为固态中 B 在 A 中的浓度，C_L 为液态中 B 在 A 中的浓度。在图 9-21（a）中 $K_0 = \frac{C_S}{C_L} < 1$；在图 9-21（b）中，$K_0 = \frac{C_S}{C_L} > 1$。

各种杂质在硅中的平衡分凝系数是不相同的，在表 9-1 中列出部分主要杂质在硅中的平衡分凝系数。

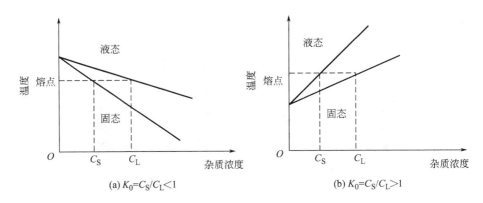

(a) $K_0=C_S/C_L<1$ (b) $K_0=C_S/C_L>1$

图 9-21 二元系中杂质分凝示意图

表 9-1 硅中几种主要杂质的平衡分凝系数

元素	B	P	As	Sb	Al	Ga	O	C	Fe	Cu
K_0	$0.8\sim0.9$	0.35	0.3	0.03	2×10^{-3}	8×10^{-3}	约1	0.007	8×10^{-6}	4×10^{-4}

　　在实际的晶体生长中成晶不可能是无限缓慢的，即处于非平衡态。搅拌状况不同，拉晶速率不同，杂质分凝的效果就不同，常用有效平衡分凝系数来描述。经推算，有效平衡分凝反数。

$$K_e = \frac{K_0}{K_0 + (1-K_0)\ e^{-\frac{f\delta}{D}}} \tag{9-7}$$

此方程称为普凡方程。

式中　　K_0——平衡分凝系数；

　　　　f——晶体生长速率；

　　　　D——溶质在液态中的扩散系数；

　　　　δ——杂质富集层（或贫乏层）厚度。

$$\delta = 1.6 D^{\frac{1}{3}} \gamma^{\frac{1}{6}} \omega^{-\frac{1}{2}} \tag{9-8}$$

式中　　γ——液体的黏滞系数（硅的 $\gamma=3\times10^{-3}\,\mathrm{cm^2/s}$）；

　　　　ω——晶体转动角速度。

　　当 $f\delta$ 趋于 0 时，K_e 趋于 K_0，即趋于平衡分凝状况。

　　当 $f\delta$ 趋于无穷大时，K_e 趋于 1，即没有分凝效应。

　　实际中，拉晶速度和转速都不会是很快的，一般在估算中，仍采用各元素的平衡分凝系数，而扩散系数 D 为一常数。在表 9-2 中列出了一些主要杂质在硅中的扩散系数。

表 9-2 一些主要杂质在硅中的扩散系数（1200℃）/（cm²/s）

元素	B	Al	Ga	In	P	As	Sb
D	4×10^{-12}	$10^{-10}\sim10^{-12}$	4×10^{-12}	8.3×10^{-13}	2.8×10^{-13}	2.7×10^{-13}	2.7×10^{-13}

元素	Te	Bi	Li	Cu	Au	Zn	Fe
D	8.3×10^{-13}	2×10^{-13}	1.3×10^{-5}	约 10^{-5}	约 10^{-6}	约 10^{-6}	1×10^{-6}

　　由于分凝效应的存在，在 Fz 中，可利用分凝效应对硅材料进行提纯，将杂质赶至晶

体尾部加以除去,这种方法对分凝系数小的杂质很有效,特别是金属杂质。在 Cz 中以及在铸造硅中也有这种效果。在直拉工艺中,还使得硅单晶的头尾杂质含量不同而电阻率不同。如掺 P 的单晶,由于 P 在硅中的分凝系数为 0.35,所以晶体的头部电阻率高于尾部电阻率,而掺 B 的单晶,由于 B 在硅中的分凝系数接近 1,晶体头部和尾部的电阻率较为接近。

在正常凝固过程中,杂质在晶体中轴向分布可用普凡(Pfann)关系来描述。

$$C_s = KC_0 (1-g)^{K-1} \tag{9-9}$$

式中　C_s——固态中的杂质浓度;

　　　C_0——初始时液态中的杂质浓度;

　　　g——凝固分数;

　　　K——有效分凝系数。

式(9-9)的对数表达式为

$$\ln\left(\frac{C_s}{C_0}\right) = \ln K + (K-1)\ln(1-g) \tag{9-10}$$

式(9-10)是一条截距为 $\ln K$、斜率为 $K-1$ 的直线。

普凡在推导此关系式时,有 3 个假设:①杂质在固体中的扩散比在液体中的扩散小得多,可以忽略,这个条件在实际中可以得到满足;②分凝系数是一个常数,在实际中 K 值是有变化的,但可近似作此处理;③凝固时密度不变,对一般的晶体而言,可以接近,对硅来说,就有大约 9% 的偏差。还必须指出,普凡关系还没有考虑杂质挥发等因素。所以,普凡关系与杂质的实际分布是有一定偏差的,特别是在 g 较大的情况下。尽管如此,普凡关系仍是估算晶体中杂质轴向分布的基本关系式,只需根据实际加以适当修正即可。

9.5.2　氧污染

氧原子在硅中大部分以间隙原子状态存在,成 Si—O—Si 键,如图 9-22 所示。

氧在固态硅中的溶解度为 $2.75 \times 10^{18}\,cm^{-3}$,在熔硅中的溶解度为 $2.20 \times 10^{18}\,cm^{-3}$。直拉硅中的氧含量一般为 $(0.5 \sim 2) \times 10^{18}\,cm^{-3}$,在 1000℃ 以上,氧在硅中的溶解度可用式(9-11)表示。

$$[O] = 9 \times 10^{22} \exp\left(\frac{-1.52\,eV}{kT}\right) cm^{-3} \tag{9-11}$$

式中　k——玻耳兹曼常数;

　　　T——热力学温度。

多晶硅中的氧含量为 $10^{16} \sim 10^{17}\,cm^{-3}$。

硅晶体中的间隙氧,在红外光谱中有 3 个吸收峰,它们的波数分别为 $515\,cm^{-1}$、$1107\,cm^{-1}$ 和 $1720\,cm^{-1}$,其中 $1107\,cm^{-1}$ 最强,此峰在液氦温度下波数为 $1136\,cm^{-1}$。

直拉硅中的氧含量远高于多晶硅中的氧含量,其主要来源是石英坩埚的熔解。在 1420℃ 的高温下,石英与硅有如下反应

$$Si + SiO_2 == 2SiO$$

在 1420℃ 附近 SiO 饱和蒸气压为 12mbar(1bar = 10^5 Pa,下同),极易挥发。因此,SiO 绝大部分由硅熔体表面挥发,而极小部分(约 1%)则由于液体的对流和扩散而进入熔硅中,使晶体中的氧含量增高。氧在晶体中的分布是头部高、尾部低。在横切面上是中

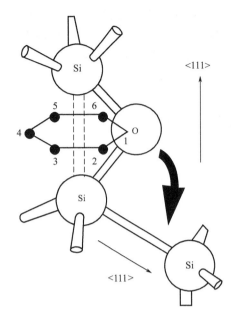

图 9-22 氧原子占据硅晶格位置的模型
1~6 都是可占据的位置

心高边缘低，有人认为氧在晶体头部高，是因为氧在硅中的分凝系数大于 1（有资料报道为 1.25）所致。但在 Si—O 相图中表明，氧的分凝系数应略小于 1。造成氧在头部高的原因应为：头部生长时，硅液与石英坩埚壁的接触面大，反应面就大，SiO 的产率大，而挥发面基本不变。横断面上中心高，是因为中心被晶体覆盖，SiO 的挥发远不如晶体边缘所致。

氧是 Cz 硅中含量最高的杂质，它在硅中的行为也很复杂。总的来说，硅中的氧既有益也有害。

（1）增加机械强度

氧在硅晶格中处于间隙位置，对位错起钉扎作用，因而可增加晶体的机械强度，避免硅片在器件工艺的热过程中发生形变（如弯曲、翘曲等）。这是氧对硅单晶性能的最大贡献之一，也是 Cz 硅单晶在集成电路领域广泛应用的主要原因之一。

（2）形成热施主

热施主是双施主，即可提供 2 个电子，其能级位置在导带底下 $0.06 \sim 0.07 \mathrm{eV}$ 和 $0.013 \sim 0.015 \mathrm{eV}$，为浅施主能级。

在 450℃ 热处理时，生成的热施主浓度随时间的增加而增加，在 10h 以内的短时间热处理的情况下，产生的浓度为 $1 \times 10^{15} \mathrm{cm}^{-3}$ 左右，在 $100 \sim 200 \mathrm{h}$ 长时间热处理的情况下，热施主浓度达到最高，其浓度约为 $1 \times 10^{16} \mathrm{cm}^{-3}$。热施主在 $300 \sim 500℃$ 生成，在 450℃ 附近生成率最高，550℃ 可消除。通常为消除热施主，热处理温度为 650℃。

除温度外，影响热施主浓度的最大因素为单晶中的原生氧浓度，在生成的初始阶段，热施主浓度与氧浓度的 4 次方成正比，在最大浓度时，与氧浓度的 3 次方成正比。硅中的碳、氮浓度对热施主的形成有抑制作用，而氢会促进热施主的形成。

红外光谱表明，热施主有 16 种形态，即 16 个吸收峰，但短时间热处理只会出现 2~3 个吸收峰。

目前对热施主的基本实验规律已被广泛了解，但对其原子结构和形态还未有确定的认识。人们知道它与间隙氧的聚集有关，为此人们提出了多种结构模型，如 4 个间隙氧的聚集模型、空位-氧模型、自间隙原子-氧模型和双原子氧模型等。

$550 \sim 850℃$ 热处理，还会生成与氧有关的施主，被称为"新施主"。它具有与热施主相近的性质，但它的生成需 10h 以上的热处理，只要热处理时间少于 10h，它的影响可以忽略。

（3）氧沉淀

氧经高温或多步热处理，会发生析出生成氧沉淀。氧沉淀是中性的，主要成分为 SiO_x，没有电学性能，体积是硅原子的 2.25 倍。在形成沉淀时，会从沉淀体中向晶体内发射自间隙硅原子，导致硅晶格中自间隙原子饱和而发生偏析，产生位错、层错等二次缺陷。由于位错等缺陷有吸附杂质特别是金属杂质的作用，工艺上常用生成氧沉淀来吸附杂质，使器件制作区域为洁净区，以提高器件的成品率和品质，这种工艺称为内吸杂或本征吸除工艺。所以在硅中控制一定量的氧浓度对器件是必要的，而且器件还要求对氧的形态加以控制，因而，对影响氧沉淀形成因素的研讨也是很重要的课题。下面分 4 个方面进行讲述。

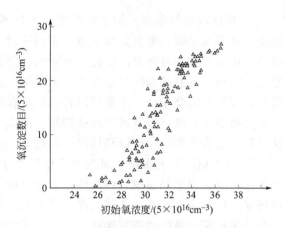

图 9-23　初始氧浓度与氧沉淀的关系曲线

① 初始氧浓度的影响　当氧浓度小于某个极限值时，氧沉淀几乎不产生，当浓度大于这个极限值时，氧沉淀大量产生，成核率均匀，曲线的斜率基本为 1；当初始浓度增大到某值时，曲线斜率在 3～7 之间，如图 9-23 所示。

当温度降低，热处理时间加长，或碳浓度增加，氧沉淀浓度降低，分布向左移，起始极限值降低；反之分布向右移，氧沉淀的形成初始值升高。

② 热处理温度的影响　因氧在硅中的固溶度随温度下降，所以，具有一定浓度的氧在不同温度下的过饱和度是不同的。温度不仅影响氧的过饱和度，还影响氧在硅中的扩散。当温度降低时，间隙氧的过饱和度大，成核驱动力强，但氧的扩散速度低，不利于长大；温度稍高时，氧的扩散速度大，间隙氧过饱和度也还比较大，因氧扩散快，易于长大；温度再增高，氧的扩散速度更大，但成核动力小（因过饱和度小），但易于长大。从图 9-24 中可看出：在 750℃以下间隙氧浓度几乎不变，这时虽然成核多，但不易长大，尺寸小，间隙氧几乎未减少，即沉淀氧量小；在 750～1050℃时既易成核，又易长大，所以间隙氧急剧减少，即沉淀氧量大，在 1050℃以上，成核概率减少，但易长大，沉淀量仍较大，间隙氧仍较低。

③ 在一定温度下，不同热处理时间的影响　从图 9-25 可见，随着热处理时间的延长，氧沉淀量不断地增加：初期，沉淀量小，表现为孕育期；中期，沉淀快速增大；后期，沉淀增加缓慢，接近饱和，间隙氧趋于该温度下的饱和固溶度。

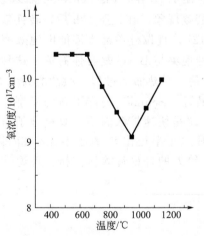

图 9-24　直拉单晶硅在不同温度
热处理 24h 后的氧浓度

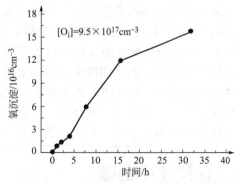

图 9-25　900℃热处理时，直拉单晶硅中
氧沉淀随热处理时间的变化

④ 其他因素的影响　除了氧浓度、热处理温度和时间外，其他因素也影响氧沉淀的形成，其中包括碳、氮及其他杂质原子的浓度，原生单晶的生长条件等。硅中的点缺陷、杂质、掺杂剂等都可能提供沉淀的异质核。热处理气氛及热处理次数、顺序也对氧沉淀的形成有影响。一般认为氩气等惰性气体对氧沉淀几乎没有影响，而纯氧化气氛（干氧、湿氧）能抑制氧沉淀生成，主要原因是氧化时在硅片表面生成 SiO_2 层，有大量的自间隙原子从表面进入体内，导致氧沉淀被抑制。而氮气氛对氧沉淀有促进作用，这是因为硅片氮化可能产生大量的空位扩散到体内，促进氧沉淀的生成。

⑤ 原生氧沉淀的影响　氧沉淀不仅产生于硅器件制备工艺的热处理过程中，而且存在于原生的直拉单晶硅中。当晶体硅生长完成后，需要冷却至室温后取出。通常，晶体硅收尾完成后就断电冷却。此时，晶体尾部刚生长成的部分能迅速降温，而晶体头部、中部在晶体生长期间在炉内的时间较长，相当于经历了一定程度的热处理。有研究指出，晶体的冷却过程相当于 3.5h 700~1000℃ 和 3.7h 400~700℃ 的热处理。因此，在原生晶体中很可能存在原生氧沉淀。

原生氧沉淀的生成和晶体生长工艺紧密相关，这些原生氧沉淀不仅可以与硅晶体中的点缺陷作用，改变原生缺陷的性质，而且可以作为核心，影响今后氧沉淀的性质。在实验时，由于研究者所采用的晶体拉晶条件不尽相同，晶体冷却过程也不一致，因此晶体的原生状态相差很大，常常会得出不同的结论。为了消除原生氧沉淀和热历史的影响，一般需将单晶硅在 1300℃ 左右热处理 1~2h 并迅速冷却，以溶解原生氧沉淀和消除热历史的影响。

（4）氧与晶体中的空位及杂质

在晶体生长的冷却过程中，形成微缺陷，影响制作集成电路的成品率。

在晶体生长中控制氧含量及其在硅中的分布，一直是 Cz 法生长单晶的重要课题。虽然通过改变晶体和坩埚的转速，改变氩气的流量及方向，改变炉内压力，改变坩埚成晶位置等对控制直拉硅中的氧含量和分布有一定的影响，但效果都不十分理想。近十多年来，发展起来的磁拉法（MCz 法）能较有效地解决氧的控制问题。

（5）形成 B—O 复合体

B—O 复合体对太阳能电池性能的影响较大，早在 1973 年，Fischer 等人就发现，直拉硅晶体太阳能电池在阳光照射下会出现转换效率衰减现象。在光照 10h 后，转换效率为 20.1％ 的电池降到了 18.7％。在 AM1.5 的光照下 12h，直拉硅单晶太阳能电池效率将呈指数下降，然后达到一个稳定值。经研究发现，这种现象与 B—O 复合体有关。这种缺陷可经低温（200℃左右）热处理予以消除，消除过程是一种热激活过程，激活能为 1.3eV。

对 B—O 复合体缺陷的认识，目前尚不一致。最近，Schmidt 提出了新的模型，他认为在直拉硅中存在由两个间隙氧组成的氧分子 O_{2i}，这是快速扩散因子，双氧分子与替位 B 结合形成了 B_s-O_{2i} 复合体。他还指出，在晶体中 B 原子半径比 Si 原子半径小 25％，易于吸引间隙氧，形成 B—O 复合体。此观点被 Adey 等人的理论计算所支持，理论计算出的复合体分解能为 1.2eV，与实验值相近。

9.6　直拉硅中的碳

碳在硅中不引入电活性缺陷，不影响单晶硅的载流子浓度。但是，碳可与氧作用，也可与自间隙原子和空位结合，以条纹形态存在于硅晶体中。当碳浓度超过其固溶度时，会有微小的碳沉淀生成，影响器件的击穿电压和漏电流。在晶体生长中，如果碳浓度超过其饱和浓度，会有 SiC 颗粒形成，导致硅多晶体的形成。目前，在直拉硅中碳浓度可控制在 $5 \times 10^{15}\,cm^{-3}$ 以下。

（1）碳在硅中的基本性质

直拉硅中的碳来源于多晶硅、保护气体、石英与石墨件的反应等。石英与石墨件的反应为

$$C + SiO_2 \Longrightarrow SiO + CO$$

$$CO + Si \Longrightarrow SiO + C$$

CO 与 SiO 相比，不易挥发，若不及时被排除，大多数就会进入熔硅中与硅反应。生成的 SiO 大部分从熔体表面挥发，而碳则留在了熔体中。

碳在硅中处于替位位置。由于它是 4 价元素，属非电活性杂质。在特殊情况下，碳在硅晶体中也可以以间隙态存在。当碳原子处于晶格位置时，因为碳原子半径小于硅原子半径（硅为 0.117nm 而碳为 0.077nm），晶格会发生形变。目前，采用减压拉晶和热屏系统，CO 大量被保护气体带走，有利于减少硅晶体中的碳浓度。

在硅熔点附近，碳在硅中的平衡固溶度为 $4 \times 10^{18}\,cm^{-3}$ 而在硅晶体中的固溶度为 $4 \times 10^{17}\,cm^{-3}$，其固溶度随温度的变化为

$$[C] = 3.9 \times 10^{24} \exp\left(\frac{-2.3\,eV}{kT}\right) cm^{-3} \tag{9-12}$$

式中　　[C]——碳浓度；

　　　　k——玻耳兹曼常数；

　　　　T——热力学温度。

碳在硅中的平衡分凝系数为 0.07，在硅单晶中头部浓度小，尾部浓度大。在快速拉晶的条件下，分凝系数增大。

在红外测试时，碳的吸收峰为 $607\,cm^{-1}$。碳浓度的计算公式为

$$[C_s] = C\alpha_{max} \times 10^{17}\,cm^{-3} \tag{9-13}$$

式中　　$[C_s]$——硅晶体中的碳浓度；

　　　　C——校正系数，一般采用 1；

　　　　α_{max}——$607\,cm^{-1}$ 峰的最大吸收系数，对替位碳原子的测试极限为 $5 \times 10^{15}\,cm^{-3}$。

在测试时，由于在 $607\,cm^{-1}$ 峰附近硅的晶格吸收非常强烈，掺入的杂质对红外也会产生额外吸收，特别是太阳能级硅，掺杂浓度大（$10^{16}\,cm^{-3}$），额外吸收影响较大，因此，要用载流子浓度相应的区熔硅作标样，以便去除晶格吸收和载流子浓度吸收的影响。

（2）碳和氧沉淀

一般认为碳能促进氧沉淀的形成，特别是在低氧硅中，碳对氧沉淀的生成有强烈的促进作用。图 9-26 示出高碳单晶硅和低碳单晶硅在不同温度下热处理 64h 后的氧浓度和碳浓度的变化。

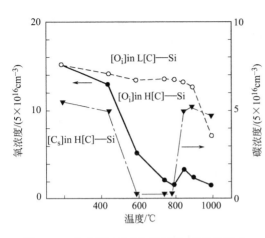

图 9-26　高碳[H(C)]和低碳[L(C)]单晶硅
在不同温度热处理 64h 后间隙氧
和替位碳的浓度变化

从图 9-26 中可以看出，对低碳硅单晶中的间隙氧浓度（[O_i]inL[C]—Si），在 900℃ 以下热处理仅有少量氧沉淀；对高碳硅单晶中的间隙氧浓度（[O_i]inH[C]—Si），在 600℃ 以下热处理氧浓度急剧减少，而硅晶体中的碳浓度（[C_s]inH[C]—Si）也大幅度减少，说明了碳促使氧沉淀的生成。

一般认为，因碳的原子半径比硅小，引起晶格形变，容易吸引氧原子在其附近聚集，形成氧沉淀核心，为氧沉淀提供异质核。

硅中 C—O 复合体，到目前为止，对其结构、性质还不是很清楚。在红外谱线中可以观察到的 $1104cm^{-1}$ 和 $1108cm^{-1}$ 峰被认为是由一个替位碳和一个间隙氧的组合，而 $1012cm^{-1}$、$1026cm^{-1}$、$1052cm^{-1}$ 和 $1099cm^{-1}$ 峰则被认为是一个替位碳原子和 2~3 个间隙氧的组合。

9.7　直拉硅中的金属杂质

一般金属杂质在硅中的分凝系数很小，在原生态硅单晶中含量很低，但在加工及器件工艺中容易引入。

金属杂质在硅中可以是间隙态，也可以是替位态，也可以是复合体，也可以是沉淀。无论什么形态都可能引入载流子，且能直接引入深能级，影响寿命值，所以金属杂质能导致器件性能降低，甚至失效。

金属杂质在硅中的形态，主要取决于固溶度，同时也受热处理温度、降温速度、扩散速度等因素的影响。一般情况下，浓度低于固溶度，它们可能以间隙或替位态存在，大部分处于间隙态。如果浓度大于固溶度，则可能以复合态或沉淀存在。

除固溶度外，降温速率和扩散速度也对金属存在态有影响，高温时，固溶度大，金属主要以间隙态存在。如果高温热处理后快速冷却，或扩散速度又相对较慢，金属原子来不及扩散，它们将以过饱和、单个原子形式存在于晶体中，或是间隙态，或是替位态，一般为间隙态。此时它们是电活性的，形成具有不同电荷的深能级，或施主，或受主，或双施主等，有时也会出现受主和施主状态，影响载流子浓度，而且也是深能级复合中心。实际上，这些原子是不稳定的，在室温下它们有一定的扩散速率。在移动中与其他杂质形成复合体，在低温退火时，复合体聚集形成沉淀。

如果高温热处理后冷却速度较慢，或冷却虽快，但金属的扩散速度特别快，那么在冷却过程中，晶体表面或晶体缺陷处将形成复合体或沉淀。一旦沉淀，便不影响晶体的载流子浓度，但会影响少数载流子寿命。如 Cn、Zn、Ni 等金属杂质。

金属杂质对寿命 τ 的影响可用下式表示：

$$\tau = \frac{1}{v\sigma N} \tag{9-14}$$

式中　τ——少子寿命；

　　　　v——载流子的热扩散速度；

　　　　σ——少子的俘获截面；

　　　　N——金属杂质浓度，cm^{-3}。

室温时，p 型晶体中电子的热扩散速率为 $2\times10^{7}\,cm^{2}/s$。n 型晶体中空穴热扩散速率为 $1.6\times10^{7}\,cm^{2}/s$。

硅中金属杂质的固溶度随温度下降而迅速降低，如图 9-27 所示，其中固溶度最大的是 Cu 和 Ni，可高达 $10^{18}\,cm^{-3}$。但与磷、硼相比还少 $2\sim3$ 个数量级。磷最大为 10^{21} cm^{-3}。硼最大为 $5\times10^{20}\,cm^{-3}$。在表 9-3 中列出了 Fe、Cu、Ni 在硅中的固溶度及适用温度范围。

表 9-3　Fe、Cu、Ni 在硅中的固溶度及适用温度范围

金属	固溶度/cm^{-3}	适用温度范围/℃
Fe	$5\times10^{22}\exp[-(8.2-2.94)/kT]$	$900\sim1200$
Cu	$5\times10^{22}\exp[-(2.4-1.49)/kT]$	$500\sim800$
Ni	$5\times10^{22}\exp[-(3.2-1.68)/kT]$	$500\sim950$

从图 9-27 和表 9-3 都可以看出，随温度降低，金属在硅中的固溶度迅速减小，若外推到室温，可知金属在硅中的固溶度是很小的。大的过饱和度和快速扩散，在高温热处理后如果慢冷却，或冷却不够快，一般金属就会以复合体或沉淀形式存在。

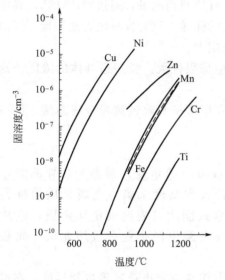

图 9-27　晶体硅中金属杂质的固溶度

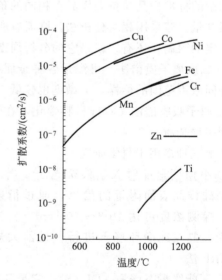

图 9-28　金属在硅中的扩散系数随温度的变化

多数金属杂质可在硅中形成复合体，如 Fe 和ⅢA 族元素及 Au、Zn 等形成复合体，其中最常见的是 Fe-B 复合体。Fe-B 复合体是电活性的，能级为 E_c 下 0.29eV，起施主作用。所以，Fe-B 复合体的形成，既减少了掺 B 单晶的载流子浓度又能起补偿作用，使材料的电阻率升高。Fe-B 结构是依靠静电作用而结合的，经 200℃以上热处理或在阳光下长

时间照射后会分解，形成具有深能级的间隙 Fe，并有沉淀产生。过渡元素在硅中的沉淀形态一般为 MSi_2。

与磷、硼或氧、碳相比，金属在硅中的扩散是很快的。最快的扩散系数可达 10^{-4} cm^2/s。从图 9-28 和表 9-4 可看出，随温度的增加，扩散系数迅速增大，只有 Zn 例外。

表 9-4   Fe、Cu、Ni 在硅中的扩散系数及适用温度范围

金属	扩散系数/(cm^2/s)	适用温度范围/℃
Fe	$1.3\times10^{-3}\exp(-0.68/kT)$	300～1200
Cu	$4.7\times10^{-3}\exp(-0.43/kT)$	400～900
Ni(间隙)	$2.0\times10^{-3}\exp(-0.47/kT)$	800～1300

金属原子在晶体中的扩散一般以间隙和替位扩散两种方式进行，在替位扩散时，有可能"挤出"硅原子而成为自间隙原子，间隙扩散比替位扩散速度相对较快。

硅中金属杂质的测定，由于总浓度比较低，直接测量比较困难，因此常用的测量方法如下。

① 中子活化分析（NAA）   硅中的所有杂质元素，在中子的照射下，几乎都会被活化，生成各种放射性的同位素。而各种同位素又都有特定的半衰期和具有一定特性的 γ 射线。放射元素不同，它的半衰期不同，放射的 γ 射线能量也不同。放射同位素的量越多，放出的 γ 射线的强度越大。这就是中子活化分析的原理。这一方法原则上可以测定各种杂质。活化分析有绝对分析法和相对分析法两种，绝对分析法就是根据测得的生成核的放射性强度来计算欲测的杂质元素的重量，这种方法需要准确知道相关的核参数（反应截面）和中子通量，这在许多情况下是很困难的，所以一般采用相对分析法。相对分析法就是将一已知量的标准样品与待测样品在相同的条件下进行辐照和测量，通过对比计算，确定欲测元素含量。若采用相对分析法，则需有所测元素的标样，没有标样便无法测量，因而受到了一定的限制。还有，就是它的分析周期长、费用大。

② 二次离子质谱法   可测量各种金属杂质，但局限性大。要知道具体的浓度，则需要有相同浓度范围的标样，灵敏度也较低。

③ 原子吸收谱法   将硅材料熔化，在熔体中利用原子吸收谱测量金属杂质，但一次只能测一种杂质。

以上三种多用于科学研究。

④ 小角度全反射 X 射线荧光法   当 X 射线以极小的角度入射抛光硅样品时，可以得到硅样品表面附近的信息，通过衍射峰的位置和高度来确定金属杂质的种类和浓度。探测浓度可达 $10^{10}\sim10^{11}$ cm^{-3}。这种技术只能测其表面的金属杂质，硅片需要抛光，要在纯净环境下进行。目前大规模集成电路生产企业一般用此法，此法简称 TXRF 法。

⑤ 深能级瞬态谱法（DLTS）   它是利用反向电压在空间电荷区形成耗尽区，在硅材料升温和降温过程中，用周期性的脉冲激发样品，由于空间电荷区存在金属杂质的深能级中心，导致空间电荷的电容在两次脉冲期间随时间而变化，在被选择的时间间隙比较电容间的差值和温度的关系，从而形成深能级瞬态谱，峰值温度的位置对应着不同的金属杂质，峰高对应着杂质浓度。如图 9-29 所示。此法只能测硅中单个原子状态的金属杂质及简单复合体，对金属沉淀很难测定，为溶解金属沉淀，通常要将样品

在高温下热处理，并淬火快冷，此法对 Co、Cu、Ni 等快速扩散金属不能适用。对此类金属杂质，可在 1050℃ 下热处理，让其扩散到表面，再测其表面，就这样，也只能定性地测定。

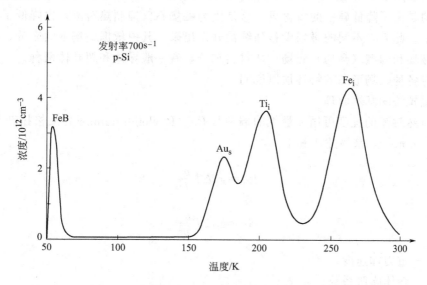

图 9-29　含金属杂质的 p 型晶体的深能级瞬态谱

⑥ 硅的少子寿命　一般最简便的方法是用光电衰减法去测硅的少子寿命，少数载流子寿命与金属杂质浓度成反比。用此法只能估计金属污染程度，不能确定何种金属，也确定不了具体浓度。多种金属可在硅中形成复合体，如铁、铬、锰和硼、铝、镓、铟分别反应，铁也能和金、锌等金属反应生成复合体。最常见的是铁硼复合体，在高温下，它是间隙铁和替位硼的复合。在 <111> 方向与硼复合，铁为正离子，硼为负离子（Fe^+B^-），铁硼复合体是电活性的，能级在导带下 $0.29eV$，起施主作用，所以铁硼复合体既减少了硅中的硼（载流子），又起补偿作用，影响较大。

过渡金属在硅中沉淀结构一般为 MSi_2，如 Fe、Ni、Co 等，铜例外，为 Cu_3Si。

金属杂质的控制和“去除”方法如下。

① 减少加工中的污染：工器具、试剂等，硅材料电负性为 1.8，当金属杂质的电负性大于 1.8 时，便容易污染，如铁、铜、镍，要避免使用。

② 化学腐蚀去除表面金属。

③ 吸杂技术：背面吸杂或内吸杂。

以上各种方法广泛应用于器件工艺中。

9.8　磁拉法

磁拉法（Magnetic Field Applied Czochralski Method，MCz）是在传统的 Cz 法上外加一磁场，以抑制晶体生长中熔硅的对流。在前面讨论过，熔体热对流对晶体生长的影响很大，特别是不稳定的热对流，容易导致固液界面的不稳定，而影响成晶，影响杂质分布的均匀性。由于大部分的金属及半导体熔液都具有较高的电导率，所以在施加外磁场下，由于洛伦兹力的作用，使熔液的自然对流得到抑制，避免紊流的发生。这种方法，早在 1966 年被用于生长锑化铟的区熔法中，在 1970 年强度为 4000Gs（1Gs＝10^{-4} T，下同）的水平磁场被用于锑化铟的 Cz 法上。直到 1980 年，MCz 法才被用于硅晶体的生长中。最初的目的是为了降低硅中的氧含量，这是因为磁场不仅抑制热对流，也降低了石英坩埚的溶解速率。此后，不同的磁场设备陆续被开发出来，其中依据磁场方向来分，有横型磁场、纵型磁场和勾型（会切）磁场；从材料来分，有一般导体和超导体两种。

下面对各种磁场形态的特性加以说明。

（1）磁拉法的基本原理

熔体自然对流的程度可用无量纲的瑞利数 Ra（Rayleigh number）或格拉斯霍夫数 Gr（Groshoff number）来描述。其中

$$Ra = g\beta\Delta T \frac{b^3}{k\upsilon} \tag{9-15}$$

$$Gr = g\beta\Delta T \frac{b^3}{\upsilon^2} \tag{9-16}$$

式中　g——重力加速度；

$\quad\quad\beta$——熔体膨胀系数；

$\quad\quad b$——熔体特征尺寸；

$\quad\quad\Delta T$——熔体纵向或径向温度差；

$\quad\quad\upsilon$——熔体黏滞系数；

$\quad\quad k$——熔体热扩展系数。

从式中可以看出，Ra 与 g 成正比，与 υ 成反比，Gr 与 g 成正比与 υ^2 成反比。当在太空微重力条件下生长晶体时，$g \to 0$（在低轨道卫星上 $g \to g_0 \times 10^{-4}$；在高轨道卫星上 $g \to g_0 \times 10^{-5} \sim g_0 \times 10^{-6}$。$g_0$ 为地面重力加速度），熔体自然对流极弱，以致宏观无热对流。晶体生长过程中熔体质量运输主要依赖扩散，因此晶体的完整性和均匀性大大得到改善，这一点已在太空拉晶中得到证实。

在地球表面上生长晶体，g_0 基本上是不可改变的量，但我们可以增大 υ 而使达到 g 减少的相似效果。外加磁场后，熔体在磁场中的运动受到洛伦兹力的阻滞，抑制熔体的对流，即增加了熔体的黏滞性，加大了熔体的黏滞系数。我们称这为有效黏滞系数 ν_{eff}。

$$\nu_{eff} = (\mu Bb)^2 \frac{\sigma}{\rho} \tag{9-17}$$

式中　μ——熔体磁导率；

$\quad\quad B$——引入磁场的磁感应强度；

$\quad\quad\sigma$——熔体电导率；

$\quad\quad\rho$——熔体密度。

只要引入的磁场的磁感应强度达到一定的值，ν_{eff} 就能创造一个类似太空的晶体生长环境，使熔体中质量的运输主要依赖于扩散，称为微重力生长。表 9-5 列出了引入不同磁感应强度达到的效果。

表 9-5 引入磁场后造成的等效微重力环境

引入磁感应强度/Gs	等效微重力量级	
	ϕ8in 坩埚	ϕ16in 坩埚
600	$1.82\times10^{-2}g_0$	$6.56\times10^{-3}g_0$
800	$1.02\times10^{-2}g_0$	$3.68\times10^{-3}g_0$
1000	$6.58\times10^{-3}g_0$	$2.37\times10^{-3}g_0$
1200	$4.58\times10^{-3}g_0$	$1.65\times10^{-3}g_0$
1500	$2.92\times10^{-3}g_0$	$1.05\times10^{-3}g_0$
2000	$1.64\times10^{-3}g_0$	$5.92\times10^{-4}g_0$
2500	$1.05\times10^{-3}g_0$	$3.79\times10^{-4}g_0$
3000	$7.29\times10^{-4}g_0$	$2.62\times10^{-4}g_0$

（2）横型磁场法

图 9-30 为一简单的横型磁场（HM-Cz）的示意图。横型磁场无法用普通的线圈产生，必须使用电磁铁。传统的电磁铁不仅占用相当大的空间，而且不易维持磁场的均匀性，耗电量很大，费用高。因此新式的 HMCz 设备都采用超导磁铁的设计。横型磁场在 Cz 系统中，破坏了自然对流的轴对称性，所以，旋转的晶体将经历温度的周期变化，导致晶体中旋涡条纹的发生。

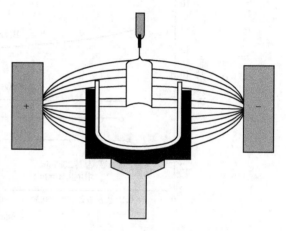

图 9-30 简单的横型磁场（HMCz）的示意图

在 Cz 系统中，施加不同种类的磁场和磁感应强度不同的磁场，对硅熔体对流的影响也不同，示于图 9-31。从图中可以看出，在施加纵型磁场时，可以提高熔体的平均温度，但施加横向磁场则可降低熔体的平均温度，这是因为纵向磁场抑制横向热对流，而横向磁场抑制纵向热对流所致。

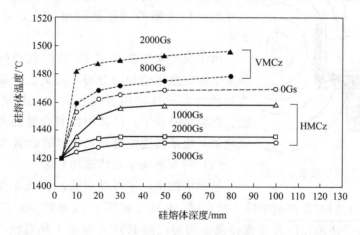

图 9-31 熔液中心轴的温度变化与所加磁场种类、强度的关系

Suzuki 等发现在施加横向磁场时，可提高晶体的生长速率。

横型磁场的另一个特性是对晶体中的含氧量的影响，图 9-32 显示出不同的磁感应强度对含氧量的影响。在磁感应强度为 1000Gs 时，氧含量可降低一半左右，在 1500Gs 时，可进一步降低，再增加磁感应强度，虽可继续下降，但效果已不显著。此外，横型磁场也使晶体中的氧含量在轴向的分布变得均匀。横向磁场之所以能抑制氧浓度，其原因是降低了石英坩埚的熔解量，使得 SiO 的挥发速率增加，石英坩埚底部向上输送的氧受到抑制。

研究发现，在一定横型磁场强度下，晶体的转速快慢对氧含量没有显著影响，但坩埚转速却是控制氧含量的因素。

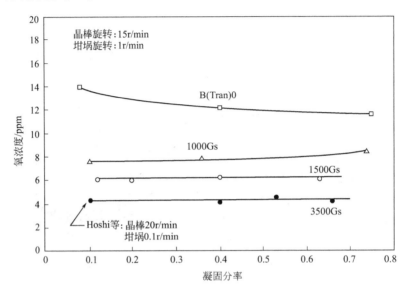

图 9-32　横型磁场强度对生长直径 100mm 的硅单晶的氧含量的影响

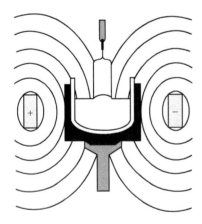

图 9-33　一简单的纵型磁场示意图

（3）纵型磁场法

图 9-33 为一简单的纵型磁场（VMCz）的示意图。纵型磁场可以由传统式线圈产生，因此，设备制造简单且便宜，但线圈的口径必须足够大，才能把炉体包在其中。

由于纵型磁场破坏了 Cz 系统的横向对称性，使得杂质浓度在晶体的径向分布不均匀。磁场强度增大，氧含量增加，而且轴向变化也大，这与横型磁场恰好相反。在纵型磁场下，晶体中的氧含量随晶体的转速增加而增加，坩埚转速快慢对氧含量的影响则很小。

（4）勾型磁场（会切磁场）法

从前面的讲述中可以知道，HMCz 及 VMCz 都有严重的缺点，虽然它们都能抑制熔体的热对流。VMCz 破坏了 Cz 系统中原有的横向对称性，使得杂质浓度在晶体的径向分布变得较不均匀；而 HMCz 破坏了热对流的轴对称性，使得晶体中条纹严重。Series 及 Hirata 等分别提出，如果可以提供一个这样的磁场：磁场在液面平面上为横向，而在熔体内为纵向，那么在靠近固液界面处就没有磁场的纵向分量来破坏横向的对称性，同时整个熔液内部的轴对称性也得以维持。这种磁场被称为勾型磁场或会切磁场（CUSP）。

图 9-34 所示为一勾型（CUSP）磁场，它可利用一对电流相反的 Helmholtz 线圈来实现。在这种磁场下，大部分的硅熔体都受到磁场的抑制作用，所以紊流程度减小。它既可以有效地降低硅晶体中的氧含量，又使氧含量的径向分布均匀。之所以有以上的结果，是因为：在固液界面处，晶体是在磁场纵向分量为零的状况下生长的，所以杂质浓度在晶体的径向分布得以维持；靠近晶体下方的熔体处于低强度的磁场中，所以该处的熔体仍然得到较好的搅拌；其他大部分熔体处于高强度的磁场中，热对流可以受到有效的抑制；在坩埚壁处的磁场略垂直于坩埚壁，使得临近坩埚壁的氧富集层变厚，减小了石英的熔解量，从而降低了晶体中的氧含量。

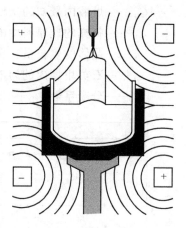

图 9-34 一简单的勾型
（CUSP）磁场示意图

在这种磁场下，上下磁场的中心平面（磁场纵向分量为零）的位置影响很大。当中心平面往上偏移，使得自由液面存在 550Gs 的纵向磁场强度时，硅晶体的氧含量比纵向磁场为 0 时高出近 35%。当中心平面落在硅熔液内部时，由于磁力线较对称，氧浓度的分布较为均匀且不会出现生长条纹，由此可见，勾型磁场中心平面的位置对氧含量及分布影响很大。

由于现代 IC 工业对硅中氧含量的控制及分布要求很高，生产大直径 IC 级硅单晶一般都用 MCz 法，其中 CUSP 磁场的应用最广泛。

9.9 CCz 法

传统的 Cz 法（连续加料法），在每次取出硅晶体后，石英坩埚因由高温冷却到室温而破裂。这不仅大量消耗石英坩埚，而且因停止生长、冷却、拆炉、装炉要浪费很多时间。为降低成本和节省时间，1954 年由 Rusler 提出了连续加料的方法（CCz 法）。

CCz 法既可以降低生产成本，也使晶体适合用户要求的电阻率范围部分的长度增长。在这几十年中，CCz 法主要在原料的补充及设备方面进行改善，原理上与 Cz 法无本质区别。在 CCz 法中，新原料不断补充进熔体中，以维持一定的熔液量，尤其要注意在加料时必须保持液面的平稳，否则会破坏单晶的生长，甚至变为多晶。

CCz 法的优点之一是，由于维持着固定的熔液量，石英坩埚内的熔硅无须太多，熔液的对流较稳定，有利于晶体的生长。CCz 法的优点之二是，由于维持着固定的熔液量，石英坩埚与熔液的界面的面积与熔液的自由面的面积之比可维持一定，使晶体中氧的轴向分布较为均匀。优点之三是，因为不断补充新原料及掺杂物，晶体的轴向电阻率的变化也会比较缓慢。轴向电阻率的变化可由下式表示。

$$\rho = \rho_0 \frac{k_0 C_0}{C_r - (C_r - k_0 C_0) \exp(-k_0 v_s / v_0)} \tag{9-18}$$

式中 ρ_0——$v_s = 0$ 时硅晶体的电阻率；

C_0——熔液内最初的杂质浓度；

C_r——补充的硅原料中的杂质浓度；

v_s——晶体的生长量；

v_0——石英坩埚内的熔液量；

k_0——分凝系数。

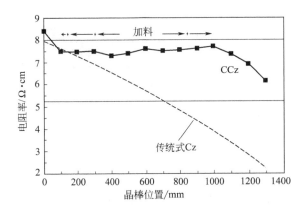

图 9-35　用 CCz 法生长的单晶的电阻率分布图

由式（9-18）可知，当 $C_r = k_0 C_0$ 时晶体的电阻率将维持 ρ_0 值不变。图 9-35 为用 CCz 法生长的单晶的电阻率分布图，虚线为传统的 Cz 法晶体的电阻率分布。

同样，在 CCz 法中，其他不纯物在晶体中的分布也较传统的 Cz 法均匀。

CCz 法的缺点是设备及制作过程复杂，如何连续平稳地将原料加入单晶生长中的系统中是主要考虑的问题。一般连续加料的方法可分为液态加料和固态加料，以下将就这两种加料方式分别加以说明。

（1）液态加料法

图 9-36 是使用连续性液态加料设备的示意图，这种设备包括两个独立的炉子，其间由一石英管连接在一起。其中一个炉子是用来生长硅单晶的，另一个炉子则被用来熔化多晶硅原料。多晶原料可以是多晶棒料，也可以是块料或颗粒状多晶料。依靠虹吸管的原理，熔液由右边的熔化炉输送到左边的拉晶炉。为了避免石英管中的硅料凝固，在石英管上缠绕带状加热器。为了避免左边生长炉中的液面受到连续加料的干扰，可以在石英坩埚内放置一石英挡板。加料的速度由两个坩埚的位置高度差来控制。

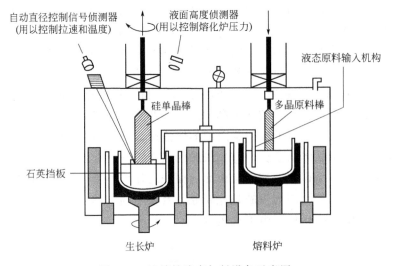

图 9-36　连续性液态加料设备示意图

又如图 9-37 所示，液态加料是由两根熔化中的多晶棒连续将熔液滴入石英坩埚内。

用来熔化多晶棒的石墨加热器为螺旋状结构。为
了获得电阻率较均匀的硅单晶棒,可在多晶棒料
上每隔一定间距的表面涂置掺杂物,另外,为了
减少熔化多晶棒的加热器影响生长中的单晶,用
一石墨绝热材料隔绝加热器的辐射热。当硅熔液
滴入石英坩埚时,很容易引起液面的波动。用两
支浸入液面的石英管来防止波动的液面影响晶体
的生长。

(2)固态加料法

固态加料法是直接将固态多晶硅原料加入石
英坩埚内,加入的多晶硅原料可使用棒状多晶、
块状多晶、颗粒状多晶等三种形态,如图 9-38 所
示。这些系统使用石英挡板来隔开晶体生长区域
及多晶原料熔化区,以避免多晶硅原料影响固液
界面温度的稳定性。在图 9-38(a)中,石英挡

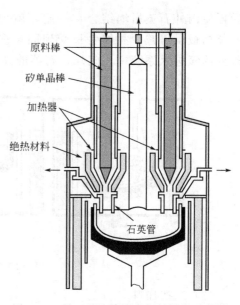

图 9-37　另一种连续液态加料设备示意图

板延伸至晶棒下方,创造出双坩埚(double crucible)的作用,因此晶体生长区域的熔解
量可维持固定,固态多晶硅原料是采用块状多晶。在图 9-38(b)中,石英挡板延伸至坩
埚底部,棒状多晶原料则在石英挡板外侧熔化。在图 9-38(c)中石英挡板在技术上最大
的困难,是初期多晶硅熔化时的阻碍。如果将内外两个石英坩埚设计成可以上下分离,
如图 9-39 所示,当多晶硅熔化时将内石英坩埚吊在多晶硅原料的上方,待多晶硅熔化

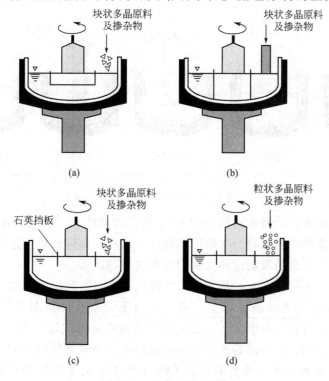

图 9-38　固态加料示意图

后再使内外石英坩埚结合在一起，就可克服石英挡板对多晶硅熔化过程的阻碍。使用石英挡板虽可减少晶体生长受到固态多晶硅原料的影响程度，但是石英挡板却会造成额外的氧进入系统中。此外，石英的高温软化问题，也是使用挡板的一缺点。

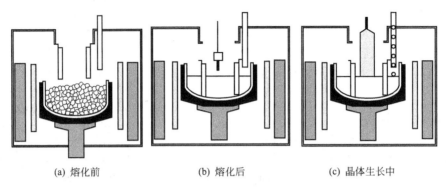

(a) 熔化前　　　　　　(b) 熔化后　　　　　　(c) 晶体生长中

图 9-39　双坩埚加料示意图

（3）二次加料

二次加料是一种半连续加料的工艺。图 9-40 示出利用二次加料生长单晶棒的操作程序。首先依照一般 Cz 长晶法的方式拉第一根硅单晶直到电阻率达到 ρ_2（电阻率规格的下限），收尾提起，待第一根硅单晶冷却取出之后拆炉，重新加料到石英坩埚内，等熔化后即可拉第二根单晶。在重新加料时，须考虑到熔液内掺杂物的残留浓度，再加入适量的掺杂物。重复这种方式，就可接连生产多根符合电阻率规格的硅单晶。

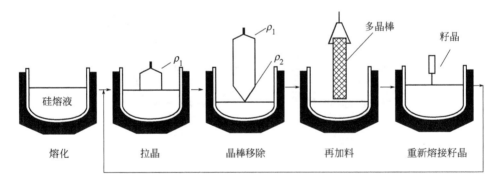

图 9-40　二次加料示意图

二次加料的方法很多，最普遍的是图 9-40 所示的方法。二次加料法的缺点之一是硅熔液中的不纯物浓度随着新加料的次数增加而增加，将使晶体的质量逐支逐支地变差。而且石英坩埚的使用寿命也是限制这种方法加料的次数的因素。

总体来说，CCz 法的优点为：晶体均匀性得到提高；产能得到增加；晶体可用率得到增加。传统的 Cz 法，则无法满足以上三点。但由于设备及操作的复杂性的增加，使得CCz 法并未普遍地应用在工业生产上。二次加料法虽然会使残留的不纯物浓度逐渐增加，但是反而较为普遍采用。这是因为利用二次加料法生产分凝系数较小的 n 型单晶，可提高单晶适合电阻率规格的比率，设备制造较 CCz 法简单。为了降低生产成本及提高产能，CCz 法及二次加料法的持续开发是必需的。

本 章 小 结

（1）结晶学基础

① 晶体熔化时要吸收热量，称为熔化热；结晶时要放出热量，称为结晶潜热。

② 要结晶能持续地进行，必须维持一定的过冷度。

③ 结晶的动力来源于系统自由能的变化。当温度低于晶体的熔点时，液态自由能高于固态自由能，系统向结晶方向变化。反之，系统向熔化方向变化。

④ 晶体在熔融状态下存在着"晶胚"，当晶胚的尺寸大于临界半径时，晶胚就成为晶核，过冷度越大，临界半径就越小。

⑤ 成核有自发成核和非自发成核之分，非自发成核比自发成核容易。

⑥ 二维成核及长大模型。在光滑平面上，首先形成二维成核，然后沿台阶进行平面生长，二维成核形成时，临界半径与过冷度成反比；长大时，在原子密度疏的法线方向上，晶体生长速率大，在原子密度大的面上，晶体生长速率小。

（2）直拉法

① 在晶体生长中，存在着径向和纵向温度梯度。在结晶界面附近，晶体的纵向梯度大有利于晶体的生长；液体的纵向梯度大有利于避免其他晶核的形成，但不利于提高拉速。

② 籽晶熔接时必须控制好温度，温度适中，缩颈和放大都好控制。细颈长度约为直径的 10 倍左右，形状以微缩或等径为宜。

③ 在等径生长阶段，设定好功率控制曲线和拉速控制曲线是很重要的。

习　题

9-1　区熔法有什么特点？

9-2　简述区熔生产中的各种影响因素。

9-3　简述直拉工艺。

9-4　磁拉法有何优越性？

9-5　哪种磁拉法最具前途？为什么？

9-6　CCz 法有哪些加料方式？

第 10 章　其他形态的硅材料

① 掌握铸造多晶硅的基本制备方法与特征。
② 了解铸造多晶硅中的氧、碳、氮、氢及金属杂质的行为。
③ 理解铸造多晶硅中的晶界和位错对材料性能的影响。
④ 了解带状多晶硅的特性、用途及发展前景。
⑤ 了解非晶硅薄膜的特性及用途。
⑥ 了解多晶硅薄膜的特性及用途。

　　硅材料按结晶形态划分，可分为非晶硅、单晶硅和多晶硅。其中多晶硅又分为高纯多晶硅、薄膜多晶硅、带状多晶硅和铸造多晶硅等。本章就铸造多晶硅、带状多晶硅、薄膜多晶硅以及非晶硅薄膜做一简介。

10.1　铸造多晶硅

　　自 20 世纪 80 年代铸造多晶硅发明和应用以来，增长迅速。它是利用铸造技术定向制备硅多晶体，称为铸造多晶硅（multicrystalline silicon），现在统称为 Me-Si。铸造多晶硅虽然含有大量的晶粒、晶界、位错和杂质，但由于省去了高费用的单晶拉制过程，所以相对成本较低，而且能耗也较低。如今主要应用于制作太阳能电池，20 世纪 80 年代末期它仅占太阳能电池材料的 10% 左右，而至 1996 年底它已占整个太阳能电池材料的 36% 左右。21 世纪初已占 50% 以上，成为最主要的太阳能电池材料。

10.1.1　铸造多晶硅的特性及用途

　　1975 年，德国的瓦克（Wacker）公司在国际上首先利用浇铸法制备多晶硅材料（SILSO，用来制造太阳能电池。几乎同时，其他科研小组也提出了不同的铸造工艺来制备多晶硅材料，如美国 Solarex 公司的结晶法、美国晶体系统公司的热交换法、日本电气公司和大阪钛公司的模具释放铸锭法等。

　　与直拉单晶硅相比，铸造多晶硅的主要优势是材料利用率高、能耗低、制备成本低，而且其晶体生长简便，易于大尺寸生长。但是，其缺点是含有晶界、高密度的位错、微缺陷和相对较高的杂质浓度，其晶体的质量明显低于硅单晶，从而降低了太阳能电池的光电转换效率。铸造多晶硅和直拉硅单晶的比较见表 10-1。由表 10-1 可知，铸造多晶硅太阳能电池的光电转换效率要比直拉单晶硅低 1%～2%。

表 10-1 铸造多晶硅和直拉单晶硅的比较

晶体性质	直拉硅单晶（Cz-Si）	铸造多晶硅（Mc-Si）
晶体形态	单晶	大颗粒多晶
晶体质量	无错位	高密度位错
能耗 /(kW·h/kg)	＞100	约 16
晶体大小	约 300mm	＞700mm
晶体形状	圆形	方形
电池效率/%	15～17	14～16

　　自从铸造多晶硅发明以后，技术不断改进，质量不断提高，应用的范围也越来越广泛。在材料制备方面，平面固液界面技术和氮化硅涂层技术等的应用、材料尺寸的不断加大；在电池工艺方面，氮化硅减反射层技术、氢钝化技术、吸杂技术的开发和应用，使得铸造多晶硅材料的电学性能有了明显改善，其太阳能电池的光电转换效率也得到了迅速提高，实验室中的效率从 1976 年的 12.5% 提高到 21 世纪初的 19.8%，如图 10-1 所示，近年来更达到 20%，而在实际生产中的铸造多晶硅太阳能电池效率也已达到 14%～16%（表 10-1）。

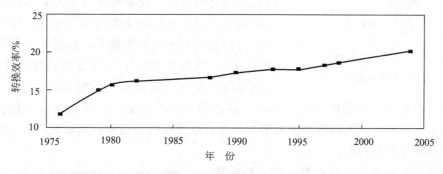

图 10-1　铸造多晶硅太阳能电池的光电转换效率

　　由于铸造多晶硅的优势，世界各发达国家都在努力发展其工业规模。自 20 世纪 90 年代以来，国际上新建的太阳能电池和材料的生产线大部分是铸造多晶硅生产线，相信在今后会有更多的铸造多晶硅材料和电池生产线投入应用。目前，铸造多晶硅已占太阳能电池材料的 53% 以上，成为最主要的太阳能电池材料。

10.1.2　铸造原理及工艺

　　利用铸造技术制备多晶硅主要有两种工艺：一种是浇铸法，即在一个坩埚内将硅料熔化，然后将熔硅注入另一个经过预热的坩埚内冷却，通过控制冷却速率，采用定向凝固技术制备大晶粒的铸造多晶硅；另一种是直接熔融定向凝固法，简称直熔法，即在坩埚内直接将多晶硅熔化，然后通过坩埚底部的热交换等方式，使熔体冷却，采用定向凝固技术制造多晶硅。所以，也有人称这种方法为热交换法（heat exchange method，HEM）。

　　（1）浇铸法

　　图 10-2 所示为浇铸法制备铸造多晶硅的示意图。图 10-2 的上部为预熔坩埚，下部为凝固坩埚。在制备铸造多晶硅时，首先将多晶硅的原料在预熔坩埚内熔化，然后硅熔体逐渐流入到下部的凝固坩埚，通过控制凝固坩埚周围的加热装置，使得凝固坩埚的底部温度

最低，从而硅熔体在凝固坩埚底部开始逐渐结晶。结晶时始终控制固液界面的温度梯度，保证固液界面自底部向上部逐渐平行上升，最终达到所有的熔体结晶。

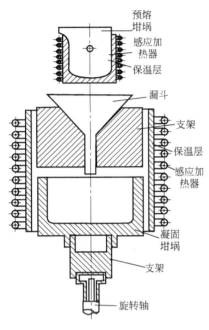

图 10-2 浇铸法制备铸造多晶硅的示意图

（2）直熔法

直熔法是直接熔融定向凝固法的简称。图 10-3 所示为直熔法制备铸造多晶硅的示意图。由图可知，原料硅首先在坩埚中熔化，坩埚周围的加热器保持坩埚上部温度的同时，自坩埚的底部开始逐渐降温，从而使坩埚底部的熔体首先结晶。同样地，通过保持固液界面在同一水平面上并逐渐上升，使得整个熔体结晶为晶锭。在这种制备方法中，硅材料的熔化和结晶都在同一个坩埚中进行。

在实际操作中，浇铸法和直熔法的冷却方式稍有不同。在直熔法中，石英坩埚是逐渐向下移动，缓慢脱离加热区；或者隔热装置上升，使得石英坩埚与周围环境进行热交换；同时，冷却板通水，使熔体的温度自底部开始降低，使固液界面始终基本保持在同一水平面上，晶体结晶的速度约为 1cm/h；而在浇铸法中，是控制加热区的加热温度，形成自上部向底部的温度梯度，底部首先低于硅熔点的温度，开始结晶，上部始终保持在硅熔点以上的温度，直到结晶完成。

在整个制备过程中，石英坩埚是不动的。在这种结晶工艺中，结晶速度可以稍快些，但是，这种方法不容易控制固液界面的温度梯度，在晶锭的四周和石英坩埚接触部位的温度往往低于晶锭中心的温度。

铸造多晶硅制备完成后，是一个方形的铸锭。目前，铸造多晶硅的重量每锭可以达到 $250\sim500kg$，尺寸达到 $800mm \times 800mm \times 300mm$。由于晶体生长时的热量散发问题，多晶硅的高度很难增加，所以，要增加每锭多晶硅的重量其主要方法是增加它的边长。但是，边长尺寸的增加也不是无限的，因为在多晶硅晶锭的加工过程中，目前使用的外圆切割机或带锯对大尺寸晶锭进行处理很困难；其次石墨加热器及其他石墨件需要周期性地更换，晶锭

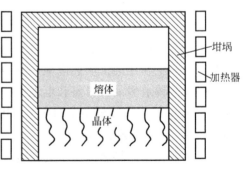

图 10-3 直熔法制备铸造多晶硅的示意图

的尺寸越大，更换的成本越高，更重要的是边长越大越难使固液界面始终基本保持在同一水平面上。

通常高质量的铸造多晶硅应没有裂纹、空洞等宏观缺陷，从正面看，晶锭表面要平整，晶粒和晶界清晰可见，其晶粒尺寸可达 10mm。从侧面看，晶粒呈柱状生长，其主要晶粒自底部向上部几乎垂直于底面生长。

利用定向凝固技术生长铸造多晶硅，生长速度缓慢，每炉需要消耗一只坩埚，而且，

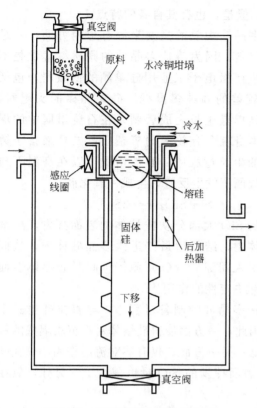

图 10-4 电磁感应冷坩埚示意图

晶锭的上部和底部各有几厘米厚的区域由于质量低不能利用。为了克服这个缺点，开发了电磁感应冷坩埚连续拉晶法。

（3）电磁感应冷坩埚连续拉晶法（EMCP）

电磁感应冷坩埚连续拉晶法（electro-magnetic continuous pulling，EMCP）原理就是利用电磁感应的冷坩埚来熔化硅原料。图 10-4 为电磁感应冷坩埚连续拉晶法制备多晶硅示意图。

EMCP 技术熔化和凝固可以在不同的部位同时进行，节约生产时间。而且熔体与坩埚不直接接触，既没有坩埚的消耗，降低成本，又减少了杂质污染，特别是氧浓度和金属杂质浓度有可能大幅度降低。另外，由于采用连续铸造的方法，提高了生产效率，速度可达 5mm/min，不仅如此，由于电磁力对硅熔体的作用，使得掺杂剂在硅熔体中的分布可能更均匀，生长的多晶硅材料在结构及性质上都比较均匀。显然，这是一种很有前途的铸造多晶硅技术。

然而，这项技术也有弱点，制备出的铸造多晶硅的晶粒比较细小，一般为 3～5mm，小于传统的定向凝固法制得的多晶硅颗粒（5～20mm），且晶粒大小不均匀。又因为其凝固速率较快以及固液界面处不平会产生较多的晶格缺陷，因此，采用这项技术制备的多晶硅其少数载流子寿命较低，所制备的太阳能电池的效率也较低，需要进一步改善质量，才能使这项技术在工业界得到广泛应用。目前，利用该技术制备的铸造多晶硅晶锭尺寸可达 35cm×35cm×300cm，电池效率达到 15%～17%。

10.1.3 铸造多晶硅中的杂质和缺陷

由于铸造多晶硅的晶体制备方法与直拉单晶硅不同，因此，其晶体中含有杂质和缺陷的结构、形态和性质也与直拉硅单晶不尽相同。总之，铸造多晶硅的制备工艺相对简单，成本较低，控制杂质和缺陷的能力也较弱。与直拉硅单晶相比，它含有相对较多的杂质和缺陷。

铸造多晶硅中，含有高浓度的氧、碳以及过渡金属杂质，氧和碳是主要的杂质元素。碳的浓度要高于直拉单晶硅中的碳浓度。而过渡金属如铁、铬、铜、镍等，也对材料的性能有主要影响，是人们关注的重点。另外，铸造多晶硅还涉及氮、氢杂质。

除杂质以外，与直拉硅单晶相比，铸造多晶硅还具有高密度的晶界、位错以及微缺陷，这些都能成为硅材料少数载流子的复合中心，是铸造多晶硅太阳能电池效率较低的重要原因。

（1）铸造多晶硅中的杂质——氧

氧是铸造多晶硅中的主要杂质之一，其浓度为 $1×10^{17}～1×10^{18}$ cm^{-3}。氧在铸造多晶硅中的基本性质与在直拉硅单晶中基本相同，但是，也有其自身的特点。

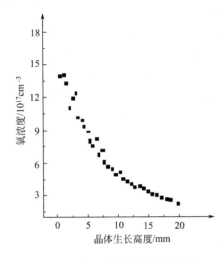

图 10-5　铸造多晶硅中氧浓度沿
晶体生长方向的浓度分布

铸造多晶硅中氧的主要来源有个两方面：一是来自于原材料，因为铸造多晶硅的原材料常常是不符合用于生产微电子工业用硅单晶的低级料，包括质量相对较差的高纯多晶硅、硅单晶棒的头尾料，以及直拉硅单晶生长完成后剩余在石英坩埚中的埚底料等，本身就含有较多的氧杂质；二是来自于铸造多晶硅的生长过程中，石英坩埚可以在高温下与熔体中的硅原子发生反应，生成一氧化硅。

$$Si + SiO_2 === 2SiO$$

生成的 SiO 大部分从硅熔体的表面挥发，小部分溶于熔体中，结晶后最终进入多晶硅体内，从而在熔体中引入间隙氧（O_i）原子。此时硅熔体表面的蒸气压起决定性的作用。

在铸造多晶硅的制备过程中，与直拉硅单晶不同，没有强烈的机械强迫对流，只有热对流。因此，一方面使得硅熔体对石英坩埚壁的侵蚀作用减弱，溶入硅熔体中总的氧浓度有所降低；另一方面，仅有热对流的作用，氧在硅熔体中的扩散减少，输送减缓，输送到硅熔体表面挥发的 SiO 量也减少了。另外，氧在晶锭中的分布也不均匀。

由于氧在硅中的分凝系数为 1.25 左右，因此，与直拉单晶硅相同，氧在铸造多晶硅中也有一个分布，即先凝固部分的氧浓度高，后凝固部分的氧浓度低。具体而言，在铸造多晶硅中，氧浓度一般从先凝固的晶锭底部到最后凝固的晶锭上部逐渐降低。图 10-5 示出铸造多晶硅的氧浓度自晶锭底部到晶锭上部的分布。由图 10-5 可知，在晶锭底部的氧浓度可高达 $1.3 \times 10^{18} \ cm^{-3}$，随着晶锭高度的增加，氧浓度迅速降低至接近 $3 \times 10^{17} \ cm^{-3}$。

由于晶体生长和冷却过程的不同，导致硅熔体与石英坩埚的接触时间、浸蚀程度不同，因此，不同方式制备的铸造多晶硅中的氧浓度也不同。浇铸多晶硅和直熔法多晶硅中氧浓度的比较见表 10-2。由表 10-2 可以看出，浇铸多晶硅中部和上部的氧浓度相对较低。

表 10-2　浇铸多晶硅和直熔法多晶硅中氧浓度的比较

晶体位置	间隙氧浓度/$10^{17} cm^{-3}$	
	浇铸多晶硅	直熔法多晶硅
上　部	0.5	2
中　部	0.9	3.5
底　部	6.5	6

由于多晶硅晶体生长系统中没有机械强迫对流，仅仅依靠热对流，氧在硅熔体中的扩散是不充分的，因此，硅熔体中的氧分布也是不均匀的，在靠近坩埚底部的硅熔体中，氧浓度会高一些，如图 10-5 所示。同样地，在坩埚壁附近氧浓度也会相对高一些；而且，相对于中心部位而言，坩埚壁附近的硅熔体首先凝固。所以，间隙氧浓度从边缘到中心也

是逐渐降低的，如图 10-6 所示。从图 10-6 中可以看出，在坩埚壁附近的晶体边缘，氧浓度达到 $1.4 \times 10^{18} \, cm^{-3}$，离开边缘 2cm 后，氧浓度迅速降低至 $3 \times 10^{17} \, cm^{-3}$ 以下。

为了降低氧浓度，在实际工艺中常常使用涂覆氮化硅等涂层的石英坩埚，使熔硅和石英坩埚实现物理隔离，使得多晶硅中的氧浓度大幅度下降。目前，优质铸造多晶硅中间隙氧浓度可以低于 $5 \times 10^{17} \, cm^{-3}$。

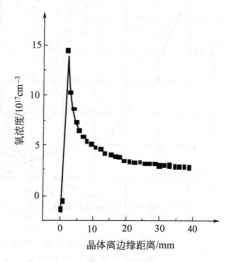

图 10-6 铸造多晶硅中氧浓度自边沿到中心的分布

与直拉硅单晶一样，铸造多晶硅中的氧也是以间隙态存在，呈过饱和态。由于铸造多晶硅的生长和冷却过程接近 50h，使得晶体在结晶后，晶体在高温中有较长的时间，特别是底部。这相当于经历了一个从高温到低温的热处理。因此，如果氧浓度较高，就很容易在原生铸造多晶硅中产生氧施主和氧沉淀。

铸造多晶硅中的间隙态氧也是电中性的，对铸造多晶硅材料的电性能基本上没有影响。但是，如果形成了氧施主或氧沉淀，会导致材料的少子寿命降低，直接影响太阳能电池的光电转换效率。

另外，与直拉硅单晶一样，铸造多晶硅中的氧也可以和掺入的硼原子作用，形成 B—O 对，影响太阳能电池的转换效率。因此，在制备铸造多晶硅时，降低氧含量是非常重要的。

为了测得硅材料的实际电阻率，对原生的铸造多晶硅进行热处理，以消除氧的热施主的影响。一般的热处理温度为 650℃左右。

（2）铸造多晶硅中的杂质——碳

碳是铸造多晶硅中一种重要杂质，其基本性质（包括分凝系数、固溶度、扩散速率、测量等）与直拉单晶硅中相同。但是，铸造多晶硅中碳的来源比较复杂，一般地讲有两种来源：一是原材料中的碳含量可能比较高；二是在晶体制备过程中，由于石墨坩埚或石墨加热器的蒸发，使碳杂质进入晶体硅中。所以，铸造多晶硅中的碳含量常常是比较高的。

碳的分凝系数为 0.07，远小于 1，因此在铸造多晶硅凝固时，从底部首先凝固的部分开始到上部最后凝固的部分，碳浓度逐渐增加，在晶体硅的上部近表面处，碳浓度可以超过 $1 \times 10^{17} \, cm^{-3}$，甚至可以超过碳在硅中的固溶度（$4 \times 10^{17} \, cm^{-3}$）。因此有报道指出，在高碳的铸造多晶硅上部可以发现 SiC 颗粒的存在。图 10-7 所示为铸造多晶硅中氧、碳、氮杂质浓度沿晶体生长方向的分布。从图 10-7 中可以看出，碳浓度自晶体底部向上部逐渐增加，最高可达 $4 \times 10^{17} \, cm^{-3}$。

在硅材料中，碳杂质可以成为氧沉淀的核心，形成氧沉淀。到目前为止，还没有直接证据表明铸造多晶硅中的位错、晶界对碳的基本性质有重大影响。

（3）铸造多晶硅中的杂质——氮

氮不是铸造多晶硅中的主要杂质。由于铸造多晶硅利用石英坩埚或石墨坩埚，因此，在晶体生长时，会很容易地引入高浓度的氧、碳杂质，影响其电气性能。而且，在晶体冷

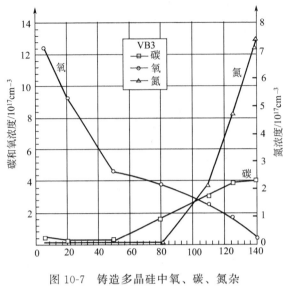

图 10-7　铸造多晶硅中氧、碳、氮杂质浓度沿晶体生长方向的分布

却时，晶体硅和石英坩埚可能会产生粘连，导致石英坩埚的破裂。所以，人们在制备铸造多晶硅用的石英坩埚或石墨坩埚内壁涂覆一层 Si_3N_4，以隔离熔硅与坩埚的直接接触。在晶体生长时，虽然 Si_3N_4 的熔点较高，不会熔化，但仍然会有部分 Si_3N_4 可能熔解，而进入硅熔体，最后进入铸造多晶硅中。

由于氮具有能够增加机械强度、抑制微缺陷、促进氧沉淀等特点，掺氮直拉硅单晶已经应用到深亚微米集成电路制作中，氮在直拉硅单晶中的基本性质和基本行为也被广泛研究。对于铸造多晶硅而言，氮的基本性质与在直拉硅单晶中相同。

氮在晶体硅中存在的主要形式是氮对。这种氮对有两个未配对电子，和相邻的两个硅原子以共价键结合，形成中性的氮对，对晶体硅不提供电子。

由于氮原子在晶体硅中处于氮对形式，它和晶体硅中的其他 VA 族元素（如磷、砷）的性质不同，在硅中不呈施主特性，通常也不引入电学中心。研究表明，仅有 1% 左右的氮原子在晶体硅中处于替位位置，其浓度低于 $1 \times 10^{13} \, cm^{-3}$，对硅材料和器件的性能影响极小，所以常常把它忽略。

晶体硅中氮的饱和固溶度较低，在硅熔点（1420℃）时约为 $5 \times 10^{15} \, cm^{-3}$，所以，与硅中的氧、碳杂质相比，氮浓度就显得很低。而且，氮仅仅来源于坩埚的涂层，因此总的氮杂质的浓度不高。但是，当铸造多晶硅中的氮浓度超过固溶度时，有可能产生 Si_3N_4 颗粒，或者存在于多晶硅的晶界上，或者产生于固液界面上。由于氮化硅颗粒的介电常数和硅基体不同，会影响材料的电学性能。如果氮化硅颗粒在固液界面上形成，还会导致细晶的产生，增加晶界的数目和总面积，最终影响材料的电学性能。

在晶体硅中，氮的分凝系数非常小，约为 7×10^{-4}，因此，在铸造多晶硅晶体生长时，氮在固相、液相中的分凝现象特别明显，氮浓度自先凝固的晶体底部到晶体上部应该逐渐增加，晶体上部的氮浓度要大于晶体底部的氮浓度。

晶体硅中的氮主要以中性的氮对形式出现，对晶体硅的载流子浓度没有影响。但是，与直拉硅单晶一样，在晶体生长或器件加工的热处理工艺过程中，氮可以和铸造多晶硅中的主要杂质氧作用，形成氮氧复合体，从而影响材料的电学性能。

氮氧复合体是一种浅热施主，研究表明它是一种单电子施主，可以为晶体提供电子。但是，由于硅中氮氧复合体浓度不高，一般低于 $(2 \sim 5) \times 10^{14} \, cm^{-3}$，而且可以消除，氮氧复合体对载流子浓度的影响可以忽略。

（4）铸造多晶硅中的杂质——氢

氢是晶体硅中的重要轻元素杂质，在早期研究中，氢气被用作区熔单晶硅生长中保护气的成分之一，用来防止感应线圈和晶体之间出现电火花，以及抑制旋涡缺陷的产生，导致了人们对硅中氢性质的大规模研究。近20年来，研究者发现氢可以和晶体硅中的缺陷和杂质作用，钝化它们的电活性，通过对单晶硅和多晶硅进行氢化处理，能够改善它们的电学性能。因此，晶体硅中氢的性质又引起了人们的广泛注意。特别是铸造多晶硅，由于晶体中存在大量的晶界和位错，对太阳能电池的性能产生了严重影响，这是铸造多晶硅太阳能电池的光电转换效率低于直拉单晶硅的主要原因。为了降低晶界、位错等缺陷的作用，氢钝化已经成为铸造多晶硅太阳能电池制备工艺中必不可少的步骤，可大大降低晶界两侧的界面态，从而降低晶界复合，也可以降低位错的复合作用，最终明显改善太阳能电池的开路电压。

在铸造多晶硅生长时，基本上不涉及氢杂质的引入，所以，原生的铸造多晶硅中是不含氢杂质的。当铸造多晶硅在经历氢钝化时，氢原子就进入晶体硅内。通常，铸造多晶硅可以在氢气、等离子氢气氛、水蒸气、含氢气体中热处理进行氢钝化，热处理的温度为$200\sim500℃$。最常用的氢钝化工艺有两种：一是在混合气氛（20%氢气＋80%氮气）中，约450℃左右，对硅片进行热处理；二是在制备氮化硅的过程中，利用等离子态的氢对多晶硅的晶界起氢钝化作用。在现代铸造多晶硅太阳能电池工艺中，氢钝化通常和氮化硅减反射膜的制备同时进行。图10-8所示为铸造多晶硅表面的氢浓度分布图。样品是在400℃下，利用等离子增强化学气相沉积（PECVD）技术，在铸造多晶硅表面制备一层氮化硅减反射层，同时，氢杂质被扩散进入晶体硅。图10-8中曲线是去除了氮化硅减反射层后铸造多晶硅体内的氢浓度分布。从图10-8中可以看出，在铸造多晶硅近表面150Å左右，氢原子的浓度高于$3\times10^{19}\,\text{cm}^{-3}$，表面最高浓度可达$1\times10^{22}\,\text{cm}^{-3}$。而且，氢浓度自表面向体内逐渐降低。

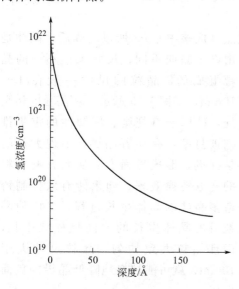

图10-8 铸造多晶硅表面的氢浓度分布图

在室温下，与直拉硅单晶一样，氢在铸造多晶硅中很难以单独的氢原子或氢离子的形式存在，通常都是与其他杂质或缺陷相互作用，以复合体的形式存在，而这些复合体大多都是电中性的，所以氢可以钝化杂质和缺陷的电学活性。对于晶体硅中的主要杂质氧、氢的作用主要表现在两个方面：一是氢和氧作用能结合成复合体；二是氢可以促进氧的扩散，导致氧沉淀和氧施主生成的增强。但是，铸造多晶硅中氢的最主要作用是钝化晶界、位错和电学性杂质的电学性能。

在与杂质、缺陷的作用形式上，一般认为在硅中，氢与浅施主结合，可以形成D—H+中心；而与浅受主结合，则形成A+—H–中心；与钴、铂、金、镍等深能级金属结合，形成复合体，去除其他形式的深能级中心；在高浓度掺硼的硅晶体中，氢容易与硼原子结合，形成氢硼复合体（H—B）；它还能与位错上的悬挂键结合，达到去除位错电活性的目的。它也和空位作用，形成VH_n复合体。与自间隙原子结合，生成iH_2复合体。

氢还可以钝化晶体硅的表面。晶体表面含有大量的悬挂键，这些悬挂键形成表面态，从而引入复合中心，降低少数载流子寿命。氢原子与悬挂键的结合，可以降低或消除表面态，改善材料的性能。

（5）铸造多晶硅中的杂质——金属

金属，特别是过渡金属是硅材料中非常重要的杂质，它们在晶体硅中一般以间隙态、替位态、复合体或沉淀的形式存在，往往会引入额外的电子或空穴，导致其载流子浓度的改变；还会直接引入深能级中心，成为电子、空穴的复合中心，大幅度降低少数载流子寿命，增加 p-n 结的漏电流；降低双极性器件的发射极效率；使得器件的氧化层被击穿等，导致硅器件的电学性能降低。

在原生的直拉单晶硅中，金属杂质的浓度一般很低，可以忽略。但在原生铸造多晶硅中，由于太阳能电池所用的多晶硅原料来源复杂，本身可能含有较多的金属杂质；因此，金属杂质的影响就不能简单地忽略了。

与直拉硅单晶一样，如果铸造多晶硅中的金属杂质浓度高于固溶度，金属就会在晶体中沉淀下来。由于硅中金属在室温下的固溶度一般都比较低，因此，除少数以间隙态存在外，绝大多数金属杂质都会以沉淀形式存在于铸造多晶硅中。金属杂质的沉淀与直拉硅不同，一般而言，对于直拉硅，金属沉淀或出现在表面，或以均质成核形式均匀地分布在晶体内，或沉淀在吸杂点附近。因铸造多晶硅中含有大量的晶界和位错，这些缺陷成为金属杂质沉淀的优先场所，所以，铸造多晶硅中的金属杂质常常沉淀在晶界和位错处。

金属杂质不论以何种形式存在于硅中，它们都很可能会导致硅器件的性能降低，甚至失效。而它们的存在形式又主要取决于硅中过渡族金属的固溶度、扩散速率等基本的物理性质，也取决于器件的热处理工艺，特别是热处理温度和冷却方式。

（6）铸造多晶硅中的缺陷——晶界

在铸造多晶硅的制备过程中，由于有多个成核点（成核中心），所以凝固后，晶体是由许多晶向不同、尺寸大小不一的晶粒组成的，晶粒的尺寸一般在 1～10mm，如图 10-9 所示。在晶粒的相交处，硅原子有规则、周期性的重复排列被打断，存在着晶界，出现大量的悬挂键，形成界面态，从而影响材料的光电转换效率。如果能有效控制铸造多晶硅的晶体生长过程，可以使晶粒沿着晶体生长的方向呈柱状生长，而且晶粒大致均匀，晶粒尺寸大于 10mm，就可能较好地降低晶界的负面作用。

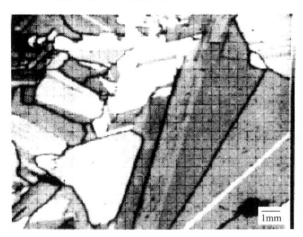

图 10-9　铸造多晶硅硅片化学腐蚀后的
表面形貌（显示多晶结构）

根据晶界结构的不同，可以分为小角晶界和大角晶界两种。前者是指两相邻晶粒之间的旋转夹角小于 10°的晶界（SA），而后者是指旋转夹角大于 10°的晶界。在实际铸造多晶硅中，绝大部分（＞80%）的晶界是大角晶界，只有少量的小角晶界。根据共位晶界模型，大角晶界又可分为特殊晶界（用 $\sum x$ 表示）和普通晶界（用 R 表示），其中特殊晶界又可分为 $\Sigma 3$、$\Sigma 9$ 和 $\Sigma 27$ 型等晶界。在所有的大角晶界中，$\Sigma 3$ 晶界占 30％～50％，其次是 R 晶界比较多。图 10-10 所示为铸造多晶硅中存在的各种典型晶界。

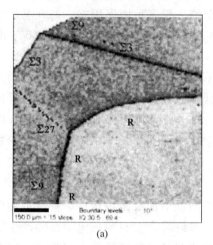
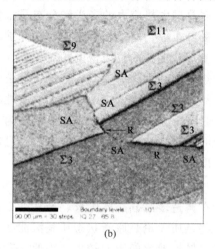

(a)　　　　　　　　　　　　　　　(b)

图 10-10　铸造多晶硅的电子束背散射衍射图像（显示不同类型的晶界）

晶界对晶体硅电学性能的影响主要是由于晶界势垒和界面态两方面。晶界势垒一般可以看为两个背对背紧接的肖特基势垒。在一定条件下，电荷可以从晶界两侧通过，导致在晶界两侧形成空间电荷区，而其势垒高度又与界面态的密度及其在能带中的位置有关。但是，由于杂质在晶界处分凝富集，在如何描述晶界核心区域的电学性质以及晶界势垒测量方面仍然存在争议。另一个方面是晶界上悬挂键造成的界面态对材料电学性能的影响。有研究指出，铸造多晶硅的晶界势垒可达 0.3eV，对应的界面态密度约为 $10^{13}\,\mathrm{cm}^{-2}$。

由于晶界两侧存在空间电荷区，形成了一定的电场梯度，晶界附近的少数载流子将快速漂移到晶界，与晶界界面态上俘获的多数载流子复合。

晶界的复合也与晶界的结构类型相关。早期的研究认为，晶界的缺陷能级是深能级，是少数载流子的强复合中心，会导致材料性能的降低。后来，研究者发现晶界的电学性质与晶界结构、特征有关，如 $\Sigma 3$ 型的晶界是浅能级复合中心，而其他晶界则是深能级复合中心。进一步研究表明，晶界的电活性与金属污染紧密相关，没有金属缀饰的纯净的晶界是不具有电活性的，或者说电活性很弱，不是载流子的俘获中心，并不影响多晶硅的电学性能。但也有人认为晶界本身存在着一系列的界面状态，有界面势垒，存在悬挂键，故晶界本身有电学活性，而当杂质偏聚或沉淀于此时，它的电学活性会进一步增强，而成为少数载流子的复合中心。但是，共同的看法是杂质很容易在晶界处偏聚或沉淀。一般而言，晶粒越小，晶界的总面积就越大，对材料的性能影响也越大。同时研究还表明，当晶界垂直于器件的表面时，晶界对材料的电学性能几乎没有影响。铸造多晶硅生产厂家都努力使晶柱的生长方向垂直于生长界面，晶锭切割后，晶界的方向能垂直于硅片表面。

（7）铸造多晶硅的缺陷——位错

位错是铸造多晶硅中一种重要的结构缺陷。它的产生一般认为有下面两个原因：一是铸造多晶硅时，在晶体凝固后的冷却过程中，从晶锭边缘到晶锭中心，从晶锭底部到晶锭上部，因散热的不均匀性，而在晶锭中产生的热应力，在此力的作用下，使得晶粒中产生大量的位错；二是晶体硅和石英坩埚的热膨胀系数不同，在冷却过程中，同样会产生热应力。热应力作用的直接结果使得在晶粒中产生大量的位错。铸造多晶硅的位错密度为 $10^3 \sim 10^9\,\text{cm}^{-2}$，典型的位错密度约为 $10^6\,\text{cm}^{-2}$。

铸造多晶硅中热应力的产生和分布是很复杂的，受多种因素影响，如升温速度、降温速度、热场分布等。但是一般来说，从晶锭底部到晶锭上部，位错密度呈"W"形，即晶锭底部、中部和上部的位错密度相对较高。

鉴于热应力的不同情况，这些位错会位于不同的滑移面上，或者集结成位错团，或者组成小角晶界。位错或位错团可以大幅度地降低少数载流子的寿命，这不仅由于位错本身的悬挂键具有很强的电活性，可以直接作为复合中心，而且由于金属杂质和氧、碳等杂质在位错处的偏聚，造成新的电活性中心，且电学性能不均匀。位错密度越高，少数载流子的俘获密度越高，材料的电学性能越差。

10.1.4　金属杂质的吸除工艺

由于在铸造多晶硅晶体生长、硅片加工和太阳能电池制备过程中，都有可能引入金属杂质，这些杂质无论是原子状态还是沉淀状态，最终都会对材料的电学性能产生影响，特别是对光电转换效率的影响较大。因此，对于铸造多晶硅需要进行金属吸杂，以减少金属杂质的负面作用。

吸杂技术在集成电路工艺中已经广泛使用，因为在集成电路的制备工艺中，不可避免地会引入微量金属杂质，这些金属杂质在随后的工艺中能够沉积在硅片表面，造成集成电路的失效。因此，人们通过吸杂技术，除去器件有源区的金属杂质。所谓的"吸杂技术"是指在硅片的内部或背面有意造成各种晶体缺陷，以吸引金属杂质在这些缺陷处沉淀，从而在器件所在的近表面区域形成一个无杂质、无缺陷的洁净区。

集成电路用单晶硅的吸杂技术，根据吸杂点（即缺陷区域）位置的不同，可以分为外吸杂和内吸杂两种。内吸杂是指通过高温→低温→高温等多步热处理工艺，利用氧在热处理时的扩散和沉淀性质，在晶体硅内部产生大量的氧沉淀，诱生位错等二次缺陷，吸引金属杂质产生沉淀；而在硅片近表面，由于氧在高温下的外扩散，形成低氧区，从而在后续的热处理中不会在此近表面区域形成氧沉淀及二次缺陷，使得近表面区域成为无杂质、无缺陷的洁净区。而外吸杂技术是指利用磨损、喷砂、多晶硅沉积、磷扩散等方法，在硅片背面造成机械损伤，引起晶体缺陷，从而吸引金属杂质产生沉淀。

与外吸杂相比，内吸杂具有很多有利因素，它不用附加的设备和附加的投资，也不会因吸杂而引起额外的金属杂质污染；而且，吸杂效果能够保持到最后工艺，因此，内吸杂技术在集成电路制备中最具吸引力。但是，对于太阳能电池而言，其工作区域是整个截面，而与集成电路的工作区域仅仅是近表面不同。当太阳能电池中的 p-n 结产生光生载流子时，需要经过晶体的整个截面扩散到前后电极，而内吸杂产生的缺陷区域恰好在体内，会成为少数载流子的复合中心，大大降低太阳能电池的光电转换效率。因此，对于硅太阳能电池，内吸杂技术是不合适的。

太阳能电池工艺的吸杂采用外吸杂技术。为了不额外增加设备，将吸杂技术与自身工艺结合起来，采用磷吸杂和铝吸杂技术。硅太阳能电池通常是利用 p 型材料，然后进行磷扩散，在硅片表面形成一层高磷浓度的 n 型半导体层，构成 p-n 结。而磷吸杂则是利用同样的技术，在制备 p-n 结之前，在 $850 \sim 900\,℃$ 左右热处理 $1 \sim 2\text{h}$，利用三氯氧磷（$POCl_3$）液态源，在硅片两面扩散高浓度的磷原子，产生磷硅玻璃（PSG），它含有大量的微缺陷，成为金属杂质的吸杂点；在磷扩散的同时，金属原子也扩散并沉积在磷硅玻璃层中；然后通过 H_3PO_4、HNO_3 和 HF 等化学试剂去除磷硅玻璃层，将其中的金属杂质一并去除，然后再制备 p-n 结，达到金属吸杂的目的。

另一类杂质是间隙态金属杂质，磷吸杂后其杂质浓度均有一定程度的下降，一般浓度降低幅度达到 60%，表现出明显的金属吸杂效果。这是因为，间隙态的金属以间隙方式扩散，扩散速率很高，所以易于被吸杂。另外，即使经过磷吸杂，仍然有不同程度的金属杂质存在，说明磷吸杂的效果还受到其他因素的制约，其中磷吸杂温度不高导致部分金属沉淀难以被溶解是可能的原因。但是金属杂质浓度的降低还是大幅度改善了铸造多晶硅的材料性能，吸杂前后的少数载流子寿命测试表明，材料的少数载流子寿命由 $10\mu s$ 左右变为 $60\mu s$ 左右。

铸造多晶硅磷吸杂的效果还与磷吸杂的温度和时间有关。随着吸杂处理时间的延长，少数载流子扩散长度越来越大；而在 2h 内，850℃和900℃吸杂后的扩散长度相同，但是随着时间的延长，900℃磷吸杂的扩散长度明显增加，说明高温有利于金属吸杂。

关于磷吸杂的机理，除了认为在磷硅玻璃中含有的大量缺陷能够吸引金属杂质沉淀外，也有研究者认为在磷硅玻璃中金属杂质的固溶度要远远大于金属杂质在晶体硅中的固溶度。因此，磷硅玻璃中可以沉积更多的金属杂质。另外，磷在内扩散时，在近表面形成高浓度磷层，由于磷原子处于替换位置，因此，有大量的自间隙硅原子被"踢出"晶格位置，成为自间隙硅原子，它们聚集起来会形成高密度的位错等缺陷，同样可能成为金属杂质原子的沉积点，起到吸杂作用。

一般认为金属杂质能够被吸除，需要经历三个主要步骤：一是原金属沉淀的溶解；二是金属原子的扩散，扩散到吸杂位置；三是金属杂质在吸杂点处的重新沉淀。吸杂机理主要有两种：一种是松弛机理，它需要在器件有源区之外制备大量的缺陷作为吸杂点，同时金属杂质要有过饱和度，在高温处理后的冷却过程中进行吸杂；另一种是分凝机理，它是在器件有源区之外制备一层具有高固溶度的吸杂层，在热处理过程中，金属杂质会从低固溶度的晶体硅中扩散到吸杂层内沉淀，达到金属吸杂和去除的目的，其优点是不需要高的过饱和度。从原则上讲，可以将晶体硅内的金属杂质浓度降到很低。

除了磷吸杂外，铝吸杂也是铸造多晶硅太阳能电池工艺常用的吸杂技术。因为铝薄膜的沉积可以作为太阳能电池的背电极，也可以起到铝背场的作用。铝吸杂一般是利用溅射、蒸发等技术在硅片表面制备一薄铝层，然后在 800～1000℃ 下热处理，使铝膜和硅合金化，形成 AlSi 合金，同时，铝向晶体硅体内扩散，在靠近 AlSi 合金层处，形成一高铝浓度掺杂的 p 型层。在铝合金化或后续热处理中，硅中的金属杂质则会扩散到 AlSi 合金层或高铝浓度掺杂层沉淀，从而导致体内金属杂质浓度大幅度减小。然后，将硅片放入化学溶液中去除 AlSi 层、高铝浓度掺杂层，达到去除金属杂质的目的。

无论是磷吸杂，还是铝吸杂，其吸杂效果和原始硅片的状态很有关系。研究已经证明，吸杂既能改善直拉单晶硅太阳能电池的性能，也能改善铸造多晶硅太阳能电池的性能，而且对后者的作用更大，改善效果更明显。

有研究指出，间隙态的金属杂质容易被吸除，而金属沉淀特别是在晶界、位错处的金属沉淀，很难被吸除。因此，研究者指出，首先利用高温（> 1100℃）短时间热处理，使得金属沉淀重新溶解在晶体内，以间隙态或替位态存在，然后缓慢降温，使得这些金属离子扩散到近表面处的磷吸杂层或铝吸杂层，最后予以去除。

在实际铸造多晶硅太阳能电池工艺中，常常将铝吸杂和磷吸杂结合使用，以提高金属吸杂的能力。

10.2　带状硅材料

带状硅材料又称为硅带材料或带硅材料，是一种正在发展的新型太阳能电池硅材料。它是利用不同的技术，直接在硅熔体中生长出带状的多晶硅材料，由于具有减少硅片加工工艺、节约硅原材料的优点，得到了人们的关注，在太阳能电池工业中已经得到初步应用。利用这种技术生长的带状硅材料，已经占到太阳能电池材料市场的 3%～4%，具有很好的发展潜力。

无论是直拉单晶硅，还是铸造多晶硅，都需要经过切片加工工艺这一环节，因此有大量的材料由于切割加工而被浪费。对于内圆切割而言，刀片的厚度为 $250\sim300\mu m$。也就是说，相对于 $200\sim250\mu m$ 厚度的硅太阳能电池，有 60% 左右的硅材料会被浪费；即使对于线径为 $180\mu m$ 左右的线切割而言，也会有 40% 多的硅材料由于切割而损失。如果所需的太阳能电池硅片更薄，那么材料损失的比例也会更大。因此，人们考虑利用不同的技术，直接生长片状的带状硅晶体材料，并且能够连续生产，希望通过简单的分片切割后就能应用于太阳能电池的制备，从而省去硅片切割的过程，达到降低成本、节约时间的目的。

20 世纪 80 年代以来，带状硅材料的研究和生产吸引了国际光伏界的关注。国际上有十多家研究机构或公司长期致力于生长带硅硅片的研究工作，到目前为止，已经有 20 余种技术被开发，也有部分技术进入实际生产应用，但大部分技术仍处于研究阶段。对于不同技术制备的带状硅而言，面对的共同问题是由于生长速率、冷却速率都较快，带状硅硅片的晶粒细小，缺陷密度高；同时，金属杂质及其他轻元素杂质的含量也相对较高，导致利用这些技术制备的带硅太阳能电池的效率普遍偏低，太阳能电池的单位成本较高。

10.2.1　带状硅材料的分类

带状硅材料按照其生长方式，大致可以分成两大类：一类是垂直提拉生长；另一类是水平横向生长。一般而言，垂直提拉生长的速率远远低于水平横向生长的速率，这是因为垂直提拉生长时，结晶前沿与带硅表面垂直，晶体生产速率为 $10\sim160cm^2/min$，而水平横向生长时，结晶前沿与带硅表面平行，生长速率可达到每分钟数米。目前，带硅的主要生长技术有：边缘限制薄膜带硅生长技术（edge defined film-fed growth，EFG）、线牵引带硅生长技术（string ribbon growth，SRG）、枝网带硅工艺（dendritic web growth，DWG）、衬底上的带硅生长技术（ribbon growth on substrate，RGS）、工艺粉末带硅生长技术（silicon sheet of powder，SSP）等。在这几种带硅生长技术中，EFG、SRG 和DWG 相对较成熟，都属于垂直生长技术，已经不同程度地进入了商业化生产，SSP 技术也属于垂直生长技术；而 RGS 则属于水平生长技术，仍然处于实验室研究阶段。

10.2.2　带状硅生长中的基本问题

对于带状硅材料而言，无论是垂直生长还是水平生长，在晶体生长时都面临着三个基本的问题：边缘稳定性问题、应力控制问题和产率问题。这些基本问题不仅决定着材料的质量，而且还决定了材料的相对成本，最终决定了哪种晶体生长技术能真正应用于实际。但是，对于不同的带硅生长技术，这些问题的侧重点有所不同。

（1）边缘稳定性

所谓的边缘稳定性是指生产出的带状硅的宽度应严格一致。晶体生长时要实现带硅边缘的稳定，一般需要对边缘进行限制。EFG 带硅是利用石墨坩埚中具有毛细作用的槽或模具来生长中空闭合的八面体带硅，边缘是用模具限制的。在线牵引生长的带硅中，能够抵挡高温的线材料被用来稳定生长中带硅的边缘。而在枝网生长带硅中，是利用枝晶沿带硅边缘的生长造成了硅熔体在边缘的过冷而实现边缘稳定性的。

（2）应力控制

应力控制是指在一定的生长速率下，带硅必须在固液界面保持一定的冷却温度梯度（约 500℃/cm），因为带硅的冷却速率都很高。这就导致带硅中产生和残留较大的应力，最终导致带硅中产生大量的缺陷，甚至产生带硅的弯曲和断裂。因此，对于所有的带硅生长技术来说，应力控制是非常重要的。

对于垂直生长的带硅而言，其应力一般正比于固液界面的温度梯度。为了克服高冷却速率下的应力相关问题，必须采用余热控制设计，以适当降低冷却速率。为此，人们设计了后加热器，对晶体生长完成后的带硅进行后加热处理，以免带硅降温过快。

Evergreen 公司曾开发出一种主动式后加热器，其发热原件是利用电驱动的。这种加热器是"可调的"，它的应用给线牵引带硅的生长带来了显著影响，能够使生长速率提高50％以上，而且使生长薄带硅（如 100μm）以及宽带硅成为现实。

（3）产率

产率是由多个因素决定的，涉及硅带面积、机器成本、劳动力和工作循环等因素，直接影响带硅技术的产业化进程。

带硅晶体的生长参数见表 10-3。从表 10-3 中可以看出，RGS 带硅的产率最大，但是由于质量问题仍未解决，还是没有投入实际生产。而 SRG 和 DWG 带硅材料的生产能力明显较低，但是其晶体生长设备简易、成本低，而且可以高度自动化，因此还是具有一定竞争力的。EFG 带硅材料的产率居于中间水平，但是 EFG 带硅材料的八面体生长相当于8 个片状带硅同时生长，而且 EFG 管材直径的增大也使得产率有可能提高，EFG 带硅今后的发展方向是八面体管的直径超过 1m，而厚度薄至 100μm。因此，EFG 带硅的产率具有相当的竞争力。

很显然，提高带硅材料的拉制速度可以提高带硅的产率。尽管理论上拉制速度可达到7～10cm/min，但是由于热应力的原因，实际的生长速度最多只能控制在 1～2cm/min。因为热应力会在带硅中引入高密度的位错和不希望的残余应力，甚至导致带硅的弯曲。

表 10-3　带硅晶体的生长参数

方　法	生　长　参　数		
	控制速度/(cm/min)	宽度/cm	产能/(cm²/min)
EFG（边缘限制薄膜带硅生长技术）	1.65	8～12.5	165
SRG（线牵引带硅生长技术）	1～2	5～8	5～16
DWG（枝网带硅生长技术）	1～2	5～8	5～16
RGS（衬底上的带硅生长技术）	600	12.3	7500

另外，带硅生长时弯曲的固液界面的稳定性，也使生长速度受到限制。例如，对于枝网生长带硅技术，由于晶体生长是在过冷熔体中发生的，要将固液界面调整至1°的几十分之一内才能获得稳定的生长界面。

无论利用何种技术生长，带状材料都是多晶硅。因此，与铸造多晶硅一样，晶界是影响带硅材料质量的主要因素之一。在带硅生长技术中，DWG（枝网生长带硅）的多晶程度最低，最接近于单晶。

由于带硅的生长速率大，杂质的分凝系数远远大于平衡分凝系数，金属杂质含量很高，也因带硅的生长速率大，位错密度也高，少子寿命很低。因此，氢钝化就显得特别重要。

同样，吸杂也是必要的，如原生 EFG 带硅少子寿命仅为 $1.2\mu s$，经磷、铝吸杂后达到 $12.0\mu s$。

10.3 非晶硅薄膜

尽管带硅材料可以省去材料切割加工等工艺，减少因切割而损耗的硅材料，但是带硅材料的厚度一般为 $200\sim300\mu m$，仍然需要耗费大量的硅材料。对于晶体硅太阳能电池而言，晶体硅吸收层厚仅需 $25\mu m$ 左右，就足以吸收大部分的太阳光，而其余厚度的硅材料主要起支撑电池的作用，如果硅材料的厚度太薄，很显然在硅片的加工和太阳能电池的制备过程中，容易碎裂，而使生产的成本增加。但是，如果硅材料的厚度太厚，一是浪费材料，增加成本；二是 p-n 结产生的光生载流子需要经过更长距离的扩散，这部分材料中的缺陷和杂质会造成少数载流子更多的复合，最终也就降低了太阳能电池的光电转换效率。因此，人们一方面不断地改善工艺，降低晶体硅的硅片厚度，目前普遍采用 $200\mu m$ 厚的硅片；另一方面，人们希望利用沉积在廉价衬底上的薄膜硅材料，非晶硅就是其中重要的一种。

非晶硅薄膜（α-Si）具有独特的物理性能，可以大面积加工，因此作为光伏材料已经在工业界中得到广泛应用；同时，它还在大屏幕液晶显示、传感器、摄像管等领域得到重要应用。

早在 20 世纪 60 年代，人们就开始了对非晶硅的基础研究，70 年代非晶硅就开始用作太阳能电池材料。1976 年，卡尔松（D. E. Carlson）等首先报道了利用非晶硅薄膜制备太阳能电池，其光电转换效率为 2.4%，很快光电转换效率增加到 4%。时至今日，非晶硅薄膜太阳能电池已发展成为实用廉价的太阳能电池品种之一，具有相当的工业规模。世界上非晶硅太阳能电池的总组件生产能力达到每年 50MW 以上，组件及相关产品的销售额在 10 亿美元以上，应用范围，小到手表、计算器电源，大到 10MW 级的独立电站，对光伏产业的发展起到了重要的推动作用。

非晶硅的电子跃迁过程不受动量守恒定律的限制，可以比晶体硅更有效地吸收光子，在可见光范围内，其光吸收系数比晶体硅高 1 个数量级左右，本征光吸收系数达到 $10^5 cm^{-1}$。也就是说，对于非晶硅材料，厚度小于 $1\mu m$ 就能较充分吸收太阳光能，其厚度也只有晶体硅片厚度的 1% 以下。对于太阳能电池制备而言，材料成本可以大幅度降低。图 10-11 所示为非晶硅薄膜和晶体硅的光吸收系数的比较。由图 10-11 可知，非晶硅薄膜的吸收系数在可见光范围内较多地大于晶体硅。

非晶硅没有块体材料，只有薄膜材料，所以非晶硅一般是指薄膜非晶硅或非晶硅薄膜。与晶体硅相比，非晶硅薄膜具有制备工艺简单、成本低，而且可大面积连续生产等优点。其具体表现为以下几点。

① 材料和制造工艺成本低　这是因为非晶硅薄膜是制备在廉价的衬底材料上，如玻璃、不锈钢、塑料等，其价格低廉；而且，非晶硅薄膜厚度仅有数百纳米，不足晶体硅太阳能电池厚度的百分之一，大大降低了原材料的成本；进一步而言，非晶硅制备是在低温下进行的（沉积温度在 $100 \sim 300℃$ 之间），显然，规模生产时其能耗必然会少，则可以大幅度降低成本。

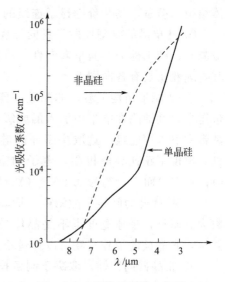

图 10-11　非晶硅薄膜和晶体硅的光吸收系数

② 易于形成大规模的生产能力　这是因为非晶硅适合制作特大面积、无结构缺陷的薄膜，生产可采用全流程自动化，劳动生产率高。

③ 多品种和多用途　不同于晶体硅，在制备非晶硅薄膜时，只要改变原材料的气相成分或气体流量，便可使非晶硅薄膜改性，制备出新型的太阳能电池结构（如 pin 结构或其他叠层结构）；并且根据器件功率、输出电压和输出电流的要求，可以方便地制作出适合不同需求的多品种产品。

④ 易实现柔性电池　非晶硅可以制备在柔性的衬底上，而且其硅原子网络结构的力学性能特殊，因此，它可以制备成轻型、柔性太阳能电池，易于与建筑物集成。

但是，与晶体硅相比，非晶硅薄膜太阳能电池的效率相对较低，在实验室中电池的稳定最高，光电转换效率只有 13% 左右。在实际生产线中，非晶硅薄膜太阳能电池的效率也不超过 10%；而且，非晶硅薄膜太阳能电池的光电转化效率在太阳光的长期照射下有较明显的衰减，到目前为止仍然未根本解决。所以，非晶硅薄膜太阳能电池主要应用于计算器、手表、玩具等小功耗器件中。

（1）非晶硅的原子结构特征

非晶硅的最基本特征是原子排列的特殊性，呈现短程有序、长程无序的特点，是一种共价无规的网络原子结构。即对一个单独的硅原子而言，其周围与单晶硅中的硅原子一样，由 4 个硅原子组成共价键，在其近邻的原子也有规则排列，但更远一些的硅原子，其排列就没有规律了。

（2）非晶硅的基本特性

正是由于非晶硅的结构特点，与晶体硅相比，非晶硅薄膜具有下述基本特征和性质。

① 晶体硅的原子是在三维空间上周期性、有规则地重复排列，具有原子长程有序的特点；而非晶硅的原子在数纳米甚至更小的范围内呈有限的短程周期性的重复排列，而从长程结构来看，原子排列是无序的。

② 晶体硅由连续的共价键组成，而非晶硅虽然也是由共价键组成的，价电子被束缚在共价键中，满足外层 8 电子稳定结构的要求，而且每个原子都具有 4 个共价键，呈四面

体结构。但是，其共价键显示连续的无规则的网络结构。

③ 硅单晶的物理性质是各向异性，即在各个晶向其物理特性有微小差异；而多晶硅、微晶硅、纳米硅的晶向呈多向性，所以，其物理特性是各向同性；非晶硅的结构也决定了其物理性质具有各向同性。

④ 从能带结构上看，非晶硅的能带不仅有导带、价带和禁带，而且有导带尾带、价带尾带，其缺陷在能带中引入的能级也比晶体硅中显著，如硅中含有大量的悬挂键，会在禁带中引入深能级，这取决于非晶硅结构的无序程度。其电子输送性质也与晶体硅有区别，出现了跃迁导电机制，电子和空穴的迁移率很小。对电子而言，只有 $1cm^2/(V \cdot s)$；对空穴而言，约为 $0.1cm^2/(V \cdot s)$。

⑤ 晶体硅为间接带隙结构，而非晶硅为准直接带隙结构，所以，非晶硅的光吸收系数大。而且，带隙宽度也不是晶体硅的 1.12eV，氢化非晶硅薄膜的带隙宽度为 1.7eV。并且，非晶硅的带隙宽度可以通过不同的合金连续可调，其变化范围为 1.4～2.0 eV。

⑥ 非晶硅的特性，取决于制备技术，通过改变合金组分和掺杂浓度，非晶硅的密度、电导率、能隙等性质可以连续变化和调整，易于实现新性能材料的开发和优化。

⑦ 非晶硅比晶体硅具有更高的晶格势能，因此在热力学上处于亚稳状态，在适合的热处理条件下，非晶硅可以转化为多晶硅、微晶硅和纳米硅。实际上，后者的制备常常通过非晶硅的晶化而来。

（3）非晶硅的掺杂

制备非晶硅薄膜太阳能电池，需要在制备薄膜时进行掺杂。与晶体硅一样，非晶硅需要通过掺入杂质，得到 n 型或 p 型非晶硅薄膜半导体，构成 pin 太阳能电池结构。n 型或 p 型非晶硅薄膜不仅在于提供给太阳能电池的内建电场，输送光生载流子，而且在于电池之间或者电池与电极之间能够提供一个好的接触。

非晶硅虽然是短程有序、长程无序的，但是其掺杂原子的种类和晶体硅中一样。与晶体硅不同的是，非晶硅的掺杂不是通过扩散等方式进行的，而是在薄膜生长时，在反应室中直接通入掺杂气体，然后与 SiH_4 一起分解，在非晶硅薄膜形成的同时掺入杂质原子。对于 n 型非晶硅薄膜半导体，需要掺入ⅤA族元素，如 P、As 等；对于 p 型非晶硅薄膜半导体，需要掺入ⅢA族元素，如 B、Ga 等。由于考虑到掺杂气体的分解温度、纯度、成本等因素，在实际研究和产业中，一般利用磷烷（PH_3）和硼烷（B_2H_6）分别作为非晶硅的 n 型和 p 型掺杂气体。

在非晶硅生长过程中，可以交替通入硼烷和磷烷，这样就可以制备出具有 pin 结构的非晶硅薄膜太阳能电池。在非晶硅薄膜太阳能电池发展的早期，研究者一般利用单反应室制备非晶硅薄膜太阳能电池。也就是说在同一反应室中，在利用氢稀释 SiH_4 分解生长非晶硅薄膜时，首先同时通入 B_2H_6 形成 p 型非晶硅，然后制备本征非晶硅，最后同时通入 SiH_4 和 PH_3 制备 n 型非晶硅。这种技术的优点是工艺和设备简单，成本低。但是，在反应室和电极上残留的杂质容易造成交叉污染，所制备的太阳能电池的性能和重复性都较差。因此，现代非晶硅薄膜太阳能电池的制备过程中，pin 的制备是分室进行的，虽然增加了成本，但效率和重复性都大为提高。

（4）非晶硅薄膜中的杂质

除了有意掺入控制电学性质的硼和磷杂质以外，非晶硅制备过程中还会引入其他杂质，其中氧和氮是最重要的两种杂质，而其他种类的杂质由于量少等原因，对非晶硅性能的影响并不显著。

在含氢的非晶硅中，氢能够很好地和悬挂键结合，饱和悬挂键，降低其缺陷密度，减少悬挂键的电学影响，达到钝化非晶硅结构缺陷的目的。氢的加入还可以改变非晶硅的能隙宽度，随着非晶硅中氢含量的增加，其能隙宽度从 1.5eV 开始逐渐增宽。如在硅烷中掺入 5%～15% 的氢气，利用等离子增强化学气相沉积技术制备的非晶硅，其光学带隙为 1.7eV，悬挂键缺陷密度为 $10^{15}\sim10^{16}\,\mathrm{cm}^{-3}$。

但是，氢在非晶硅中也会引起负面作用。研究指出，含氢非晶硅中能够产生光致亚稳缺陷。非晶硅在长期光照下，其光电导和暗电导同时下降，然后才保持稳定，其中暗电导可以下降几个数量级，从而导致非晶硅太阳能电池的光电转换效率降低；然后，经 150～200℃ 短时间的热处理，其性能又可以恢复到原来的状态，这种效应被称为 StAbler-Wronski 效应（S-W 效应）。

10.4 多晶硅薄膜

虽然经过三十多年的努力，非晶硅薄膜的电学性能有了明显提高，并在工业界广泛应用。但是，与晶体硅相比，非晶硅薄膜的掺杂效率依然较低，太阳能电池的光电转换效率也较低，而且光致衰减问题一直没有很好地解决。

人们一直试图寻找一种既具有晶体硅的优点，又能克服非晶硅弱点的新型材料，来制作太阳能电池，多晶硅薄膜就是这样一种重要的新型硅薄膜材料。多晶硅薄膜既具有晶体硅的电学特性，又具有非晶硅薄膜成本低、设备简单且可以大面积制备等优点，因此，多晶硅薄膜不仅在集成电路和液晶显示领域已经广泛应用，而且在太阳能光电转换方面，人们也做了大量研究，寄予了极大的希望。

所谓的多晶硅（poly-Si）薄膜材料是指在玻璃、陶瓷、廉价硅等低成本衬底上，通过化学气相沉积等技术，制备成一定厚度的多晶硅薄膜。根据多晶硅晶粒的大小，部分多晶硅薄膜又可称为微晶硅薄膜（μc-Si，其晶粒大小为 10～30nm）或纳米硅薄膜（nc-Si，其晶粒在 10nm 左右）。因此，多晶硅薄膜主要分为两类：一类是晶粒较大，完全由多晶硅颗粒组成；另一类是由非晶硅部分晶化成晶粒细小的多晶硅镶嵌在非晶硅中组成。这些多晶硅薄膜单独或与非晶硅组合，构成了多种新型的硅薄膜太阳能电池，具有潜在的应用领域。如利用微晶硅单电池替代价格昂贵的锗烷制备的 α-SiGe：H 薄膜太阳能电池作为底电池，它可以吸收红光，结合作为顶电池的可以吸收蓝、绿光的非晶硅电池，可以大大改善叠层电池的效率。

通常，多晶硅薄膜主要有两种制备途径：一是通过化学气相沉积等技术，在一定的衬底材料上直接制备；二是首先制备非晶硅薄膜，然后通过固相晶化、激光晶化和快速热处理晶化等技术，将非晶硅薄膜晶化成多晶硅薄膜。无论哪种途径，制备的多晶硅薄膜应该具有晶粒大、晶界缺陷少等性质。在多晶硅薄膜的研究中，目前人们主要关注：如何在廉价的衬底上，能够高速、高质量地生长多晶硅薄膜；多晶硅薄膜的制备温度要尽量低，以便选用低价优质的衬底材料；多晶硅薄膜电学性能的高可控性和高重复性。

（1）多晶硅薄膜的特点

多晶硅（polycrystalline silicon）薄膜是指生长在不同非硅衬底材料上的晶体硅薄膜，它是由众多大小不一且晶向不同的细小硅晶粒组成的，直径一般为几百纳米到几十微米。它与铸造多晶硅材料相似，具有晶体硅的基本性质。

由于多晶硅薄膜具有与单晶硅相同的电学性能，在20世纪70年代，人们利用它代替金属铝作为MOS场效应晶体管的栅极材料，后来又作为绝缘隔离、发射极材料，在集成电路工艺中大量应用。人们还发现，大晶粒的多晶硅薄膜具有与单晶硅相似的高迁移率，可以做成大面积、具有快速响应的场效应薄膜晶体管、传感器等光电器件，于是多晶硅薄膜在大阵列液晶显示领域也广泛应用。

20世纪80年代以来，在非晶硅的基础上，研究者希望开发既具有晶体硅的性能，又具有非晶硅的大面积、低成本优点的新型光伏材料。多晶硅薄膜不仅对长波光线具有高敏性，而且对可见光有很高的吸收系数，同时也具有与晶体硅相同的光稳定性，不会产生非晶硅中的光致衰减效应。而且，多晶硅薄膜与非晶硅一样，具有低成本、大面积和制备简单的优势。有研究证明，电池厚度降低至$30\mu m$左右，电池表面的复合速率将会降低；如果多晶硅薄膜衬底表面具有类似"绒面"的结构，能使光线在薄膜内多次反射，增加光的吸收，就能达到改善薄膜硅太阳能电池的目的。所以，多晶硅薄膜被认为是理想的新一代太阳能光电材料。

（2）多晶硅薄膜的制备技术

凡是制备固态薄膜的技术，如真空蒸发、溅射、电化学沉积、化学气相沉积、液相外延和分子束外延等，都可以用来制备多晶硅薄膜。

液相外延是其中一种重要的制备多晶硅薄膜的技术。液相外延（liquid phase epitaxy，LPE）制备多晶硅薄膜是指将衬底浸入低熔点的硅的金属合金（如Cu、Al、Sn、In等）熔体中，通过降低温度使硅在合金熔体中处于过饱和状态，然后作为第二相析出在衬底上，形成多晶硅薄膜。合金熔体的温度一般为$800\sim1000℃$，薄膜的沉积速率为每分钟数微米到每小时数微米。目前，液相外延生长用的衬底一般是硅材料。液相外延制备多晶硅薄膜时生长速率慢，因此薄膜的晶体质量好、缺陷少，晶界的复合能力低，少数载流子的迁移率仅次于晶体硅，可以应用于制备高效率的薄膜太阳能电池。液相生长还可以方便地掺杂，通过在不同的生长室中分层液相外延并掺入不同的掺杂剂，就可以形成p-n结。研究者已经利用Sn和In作为硅的溶剂，以Ga和Al作为掺杂剂，采用液相外延技术制备掺杂多晶硅薄膜。另外，液相外延制备多晶硅薄膜还可以利用掩膜进行选区外延生长，能够较精确地控制。但是，液相外延制备多晶硅薄膜的生产速率较低，不适于大规模工业化生产。为了增加液相外延制备多晶硅薄膜的生长速率，人们做了很多努力。德国Konstanz大学设计了新型液相外延加热系统，他们在外延区域的加热炉管上方开一个孔，使得固液界面上形成较大的温度梯度，促使薄膜可以高速生长，其生长速率可以达到$2\mu m/min$，制备出的多晶硅薄膜的少数载流子扩散长度达到$30\sim50\mu m$。

尽管制备多晶硅薄膜的技术多种多样，但是，气相方法特别是化学气相沉积方法是制备多晶硅薄膜的主要技术。由于化学气相沉积技术具有设备简单、工业成本低、生长过程容易控制、重复性好、便于大规模工业生产等优点，在工业界广泛应用，所以目前研究和制备多晶硅薄膜大多采用化学气相沉积技术。

利用化学气相沉积制备多晶硅薄膜主要有两个途径：一是与制备非晶硅薄膜一样，利用加热、等离子体、光辐射等能源，通过硅烷或其他气体的分解，在不同的衬底上直接沉积多晶硅薄膜，称为一步工艺法；二是利用化学气相沉积技术首先制备非晶硅薄膜，然后利用其亚稳的特性，通过不同的热处理技术，将非晶硅晶化成多晶硅薄膜，此法又称为两步工艺法。

相对于单晶硅而言，多晶硅薄膜中的晶界对材料性能有两方面的破坏作用：一方面会引入势垒，导致多数载流子的传输受到阻碍；另一方面，其界面成为少数载流子的复合中心，降低了少数载流子的扩散长度，导致太阳能电池开路电压和效率的降低。

正是由于多晶硅的晶界是少数载流子的复合中心，严重影响了少数载流子的扩散长度，所以晶粒的大小是非常重要的，通常多晶硅薄膜太阳能电池的效率随晶粒尺寸的增大而增加。如果有一部分晶粒太小，具有很小的扩散长度，会导致整个太阳能电池的开路电压严重下降。

对于多晶硅薄膜中的缺陷，如今还在研究进行中。对多晶硅薄膜的缺陷态还未能很好理解，其物理解释还未很好地建立，许多物理机理还没有很好地解决。

虽然物理机理还未完全清楚，但是，缺陷对太阳能电池的负面作用已经被公认。因此，在制备多晶硅薄膜时，要调整工艺参数，使得多晶硅薄膜的晶粒尽量大，晶界尽量少，而且晶粒尽量垂直于衬底表面，以降低晶界等缺陷对多晶硅薄膜性能的影响。

（3）多晶硅薄膜中的杂质

与非晶硅薄膜一样，氢是多晶硅薄膜的主要杂质。但与非晶硅薄膜不同的是，多晶硅薄膜中氢的浓度一般较低，只有 $1\%\sim2\%$，而且没有引起光致衰减现象。研究已经表明，多晶硅薄膜中少量的氢对改善多晶硅薄膜质量至关重要。它可以起到两个作用：一是钝化晶界和位错的悬挂键；二是可以钝化与氧相关的施主态或其他金属杂质引入的能级。毫无疑问，氢对改善多晶硅薄膜是有利的。研究发现，氢钝化可以增加多晶硅薄膜的电阻率，这被认为是由于氢钝化了相关的氧施主和晶界的悬挂键所引起的。

氧是多晶硅薄膜中的另一种重要杂质，活化能约为 $0.15\mathrm{eV}$，它主要是由于系统的真空度不够或者反应气体不够高纯所引起的。在热丝化学气相沉积技术（HWCVD）制备的多晶硅薄膜中，氧浓度可能为 $10^{20}\sim10^{21}\mathrm{cm}^{-3}$。另外，氧的引入与沉积过程中的压力也有关。有研究者报道，在适合的气压下生长多晶硅薄膜，薄膜表面的氧有可能扩散进入体内。

在多晶硅中，氧杂质通常打断 Si—Si，形成氧桥，构成 Si—O—Si。一般认为，处于氧桥位置的氧对多晶硅薄膜的影响有限，尤其是对薄膜的晶粒大小和晶化率基本没有影响。但是，在薄膜的制备过程和太阳能电池的制备工艺中，氧可以产生扩散，在多晶硅薄膜的晶界处聚集，降低了系统的能量，也产生了施主态，影响薄膜材料的性能。

多晶硅薄膜中的氧施主态与直拉单晶硅中的"热施主"相似，主要在 $400\sim500\mathrm{℃}$ 之间形成，与氧的扩散紧密相关。因此，如果薄膜在低温下沉积，由于氧的扩散速率降低，与氧相关的施主态就可能会被避免。另外，研究表明，与氧相关的施主态缺陷是浅施主，其提供的电子可以和多晶硅薄膜中具有深能级的悬挂键复合，能够降低悬挂键的缺陷密度。

本 章 小 结

① 铸造多晶硅

• 铸造多晶硅与直拉硅单晶相比，具有材料利用率高、制作成本低等优点，但缺陷密度高、杂质浓度大，所制作的太阳能电池片的转换效率要低 1～2 个百分点。

• 制备铸造多晶硅有浇铸法、直熔法和电磁感应冷坩埚连续加料拉晶法等。目前，直熔法的应用较为普遍。

• 铸造多晶硅中氧、碳的特性与在直拉硅单晶中相同。氧的分布为底部高顶部低、边沿高中心低。碳的分布为底部低顶部高。

• 铸造多晶硅中的氮是由采用 Si_3N_4 喷涂石墨件和石英坩埚而引入的。它在硅中以氮对形态存在，能增强机械强度、抑制微缺陷和促进氧沉淀的生成等，这些作用与在直拉硅单晶中相同。

• 铸造多晶硅中的氢可以钝化缺陷和杂质的电活性。

② 在带状硅材料、非晶硅薄膜及多晶硅薄膜等材料中，非晶硅薄膜工艺较成熟，应用也较普遍。

③ 非晶硅的原子排列为短程有序而长程无序，具有大量的悬挂键，为各向同性材料。能隙为准直接能隙且可连续变化。

④ 氢在非晶硅中有负面作用，它能产生光致亚稳缺陷，影响光电转换效率。

习 题

10-1 什么是铸造多晶硅？它有些什么特征？

10-2 简述铸造多晶硅的基本制备方法。

10-3 简述铸造多晶硅中的氧、碳、氮、氢及金属杂质的行为。

10-4 铸造多晶硅中的晶界和位错对材料的性能有何影响？

10-5 简述带状多晶硅的特性和发展前景。

10-6 什么是非晶硅？非晶硅薄膜有何特性及用途？

10-7 简述多晶硅薄膜的特性，它为什么比非晶硅薄膜更具优越性？

第 11 章　化合物半导体材料

> ## 学习目标
>
> ① 掌握化合物半导体材料的特性。
> ② 掌握砷化镓的基本性质及制备方法。
> ③ 了解砷化镓（GaAs）薄膜材料的几种制备工艺。
> ④ 了解砷化镓（GaAs）材料中的杂质与晶格缺陷。

11.1　化合物半导体材料特性

　　化合物半导体（compound semiconductor）材料是具有半导体性质的化合物的总称，它们是由两种或两种以上的元素组成的，包括晶态无机化合物及其固溶体，非晶态无机化合物（如玻璃半导体），有机化合物（如有机半导体）和氧化物等。通常所说的化合物半导体多指晶态无机化合物半导体。为了获得较为理想的使用特性（如合适的禁带宽度），将一定量的第三种元素掺入以代替二元化合物中的一部分而构成固溶体（如镓铝砷、镓砷磷等）半导体材料。化合物半导体是一类种类繁多、特性各异的具有特殊用途的半导体材料，它们的许多特性是 Si、Ge 所不及的，也是 Si、Ge 无法取代的。

　　化合物半导体材料与 Si、Ge 相比，多数具有较高的电子迁移率、较宽的禁带宽度和直接能隙等特性，用它们制作的器件，具有高频、快速、低噪声、耐高温、抗辐射、大功率高反压、功耗小等特性。

　　化合物半导体材料与 Si、Ge 相比，具有更好的光电转换效应、广泛地应用于光电转换领域。如发光二极管（LED）、激光二极管（LD）、光接收器（PIN）等。在制作太阳能电池方面，由于化合物半导体材料多数属直接能隙，光吸收系数较高，因此，仅需用数微米厚的材料，就可以制成转换效率较高的太阳能电池，而用 Si 材料需要的厚度则至少在 $100\mu m$ 以上。由于化合物半导体材料的禁带宽度大，制成的太阳能电池较用 Si 制成的太阳能电池具有更好的抗辐射性并且可在较高的温度下工作。

　　在表 11-1 中列出了 Si、Ge 和部分化合物半导体的特性。

　　化合物半导体材料的制备，一般分两步进行。第一步进行合成，即在特定的条件下将两种或两种以上的元素按规定的比例配在一起，合成化合物。第二步制取具有特定晶向的晶体。在制取晶体的方法上，根据晶体的性质不同，其方法也不同。目前用得较多的方法有：布里支曼法（实质上是一种区熔法）、梯度凝固法、直拉法、液相覆盖直拉法、磁场液相覆盖直拉法等。布里支曼法和梯度凝固法又有水平和垂直之分，液相覆盖直拉法又有常压和加压（中压或高压）之别。总的说来，与硅晶体的生产类似，但设备和工艺都要复杂得多。

表 11-1　部分半导体材料的一些性质

材料名称	能隙类型	能隙宽度 300K/eV	迁移率/[cm²/(V·s)]		有效质量		折射率	介电常数	熔点 /℃	热导率 /[W/(cm·℃)]
			电子	空穴	电子	空穴				
Si	间接	1.12	1350	480	0.26	0.4	3.44	12	1423	1.13
Ge	间接	0.67	3900	1900			4.00	16.2	937	0.6
Se	直接	1.74	1	0.2	1		5.56	7	220	0.015
Te	直接	0.32	900	570	0.7	0.12	3.07	5	450	0.01
α-SiC	间接	2.8～3.2	100	20	0.6	1.2	2.55	6.7	2800	0.6
GaN	直接	3.5	150				2.4			
GaP	间接	2.26	120	120	0.12		3.37	9	1467	1.1
GaAs	直接	1.43	8900	700	0.07	0.5	3.4	10.9	1238	0.54
InP	直接	1.35	4000	650	0.07	0.5	3.37	9.52	1070	0.008
InSb	直接	0.18	78000	750	0.015	0.18	3.75	15.7	525	0.26
InAs	直接	0.356	33000	450	0.03	0.4	3.42	11.8	943	0.26
CdS	直接	2.4	150	15	0.2	0.07	2.5	11.6	1475	
CdSe	直接	1.7	500						1250	
CdTe	直接	1.4	600	100	0.3	0.3	2.75	10.4	1090	
CuInSe₂	直接	1.04	320	10						
CuInS₂	直接	1.55	200	15						

化合物半导体材料与硅相比，在性能方面有许多优点，但其应用的广泛性却远不及硅，只应用于一些特殊领域，如空间技术（卫星定位、航天用的太阳能电池等）、微波通信（高频高速光纤通信）、光电器件（发光二极管、红外元件等）、磁敏感元件（条码识别、无接触检测等）等。

化合物半导体材料之所以在应用上远不及硅，有以下原因。一是它所需要的元素难以提纯，各种高纯元素（如 Ga、In、As、P、Sb、Cu、Se 等），其纯度一般为 6～7 个"9"，而 Si 的纯度可达 11 个"9"；二是制备化合物半导体材料的设备和工艺比 Si 复杂得多。由于所用元素性能差异较大，如制备 GaAs 所需的 Ga 原料，其熔点为 29.5℃，而 As 在 615℃就要升华，在 65atm（1atm＝101325Pa，下同），熔点为 814℃，要将性质差异如此大的元素合成为熔点 1238℃的 GaAs，没有特殊的设备和工艺是不行的；三是晶体的完整性差，生长无位错单晶难度大，而且缺陷和杂质在材料中的行为更复杂；四是因成晶难度大，直径难以做大，目前 GaAs 单晶直径一般为 75～100mm，最大为 150mm，而硅单晶直径 300mm 产品已商品化，直径 450mm 单晶已能试制；五是有的化合物目前尚不能制成 p-n 结；六是资源远不及 Si 丰富；七是制作化合物的元素多数具有强毒性（如 Cd、As 等），防护和环保任务重。

11.2　砷化镓（GaAs）

在化合物半导体中，GaAs 是最具代表性的材料。下面重点介绍 GaAs 材料的性能、制取和用途。

11.2.1 GaAs 的基本性质

GaAs 是一种典型的ⅢA-ⅤA族化合物半导体材料。1952 年，H. Welker 首先提出了 GaAs 的半导体性质，随后人们在 GaAs 材料制备、电子器件、太阳能电池等领域开展了深入研究。1962 年，研制成功了 GaAs 半导体激光器，1963 年又发现了耿氏效应，使得 GaAs 的研究和应用日益广泛。现已经成为目前生产工艺最成熟、应用最广泛的化合物半导体材料之一，它不仅是仅次于硅材料的重要微电子材料，而且是主要的光电子材料，在太阳能电池领域也有一定应用。

GaAs 的晶体结构是闪锌矿结构，由 Ga 原子组成的面心立方结构和由 As 原子组成的面心立方结构沿对角线方向移动 1/4 间距套构而成的，其原子结构示意图如图 11-1 所示。Ga 原子和 As 原子之间主要是共价键，由于砷和镓的电负性不同，也有部分离子键。在 [111] 方向形成极化轴，(111) 面是 Ga 面，$(\bar{1}\bar{1}\bar{1})$ 面是 As 面，从而使得两个面的物理化学性质大不相同，如沿 (111) 面生长容易，腐蚀速度快，但是位错密度高，容易成多晶；而 $(\bar{1}\bar{1}\bar{1})$ 面则相反。

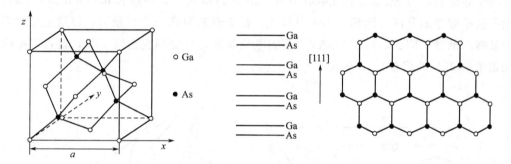

图 11-1　GaAs 的原子结构示意图

GaAs 在室温下呈暗灰色，有金属光泽，较硬，性脆，相对分子质量为 144.64；在空气或水蒸气中能稳定存在；但在空气中，高温 600℃ 可以发生氧化反应，高温 800℃ 以上可以产生化学离解；常温下，化学性质也很稳定，不溶于盐酸，但溶于硝酸和王水。

作为电子材料，GaAs 具有许多优越的性能，GaAs 材料的物理性质见表 11-2。从表 11-2 中可以看出，GaAs 材料的禁带宽度大、电子迁移率高、电子饱和速度高。与硅器件相比，GaAs 的电子器件具有工作速度快、工作温度高和工作频率高的优点，因此，GaAs 材料在高速、高频和微波等通信用电子器件方面广泛应用。

GaAs 为直接带隙半导体材料，禁带宽度为 1.43eV，其能带图如图 11-2 所示。其光子的发射不需要声子的参与，具有较高的光电转换效率。而且，在导带极小值上方还有两个子能谷，三个能谷中的电子有效质量不同，但能量相差不大。在高场下电子可以从导带极小值处转移到子能谷处，使得电子有效质量增加，迁移率下降，态密度增加，表现出电场增强、电阻减小的负阻现象，称为转移电子效应或耿氏效应。

表 11-2   GaAs 材料的物理性质 （300K）

密度/(g/cm³)	5.32	电子有效质量	0.065
晶格常数/nm	0.5653	空隙有效质量	0.082(L)
原子密度/10²²cm⁻³	4.41		0.45(h)
热膨胀系数/10⁻⁶K⁻¹	6.6±0.1	电子饱和速度/(10⁷cm/s)	2.5
热导率/[W/(cm·K)]	0.46	击穿电场强度/(10⁵/cm)	3.5
比热容/[J/(kg·K)]	0.318	器件最高工作温度/℃	470
熔点/℃	1238	折射率	3.3
禁带宽度/eV	1.43	硬度（莫氏）	4.5
本征载流子浓度/cm⁻³	1.3×10⁶	临界剪切应力/MPa	0.40
电子迁移率/[cm²/(V·s)]	8800	断裂应力/MPa	100
空隙迁移率/[cm²/(V·s)]	450		

　　GaAs 也是很重要的半导体光电材料，在半导体激光管、光电显示器、光电探测器、太阳能电池等领域广泛应用，如利用 AlGaInP/GaAs 结构制备的 0.66μm 系列的红光二极管激光器已经大量生产。

　　作为太阳能电池材料，GaAs 具有良好的光吸收系数，图 11-3 示出几种 ⅢA-ⅤA 族化合物半导体材料与 Si、Ge 的光吸收系数。由图 11-3 可知，在波长 0.85μm 以下，GaAs 的光吸收系数急剧升高，达到 10⁴cm⁻¹ 以上，比硅材料要高一个数量级，而这正是太阳光谱中最强的部分。因此，对于 GaAs 太阳能电池而言，只要厚度达到 3μm，就可以吸收太阳光谱中约 95% 的能量。

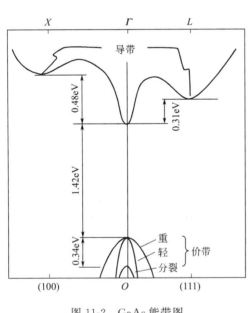

图 11-2　GaAs 能带图

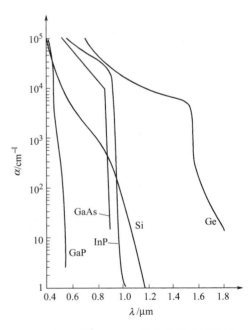

图 11-3　几种 ⅢA-ⅤA 族化合物半导体材料与 Si、Ge 的光吸收系数

　　由于 GaAs 材料的禁带宽度为 1.43eV，光谱响应特性好，因此，太阳能光电转换理论效率相对较高。图 11-4 所示为不同材料的禁带宽度与太阳能电池理论效率的关系。从图 11-4 中可知，GaAs 太阳能电池的效率要比硅太阳能电池高。

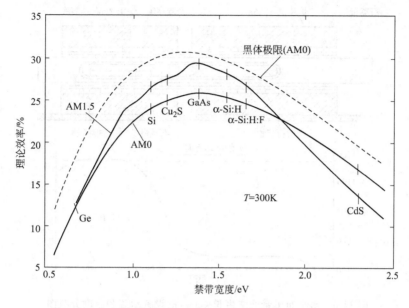

图 11-4　不同禁带宽度的材料与太阳能电池理论效率的关系

通常太阳能电池的效率会随温度的升高而下降，例如硅太阳能电池，在 200℃ 左右其太阳能电池效率降低 70%。GaAs 材料的禁带宽度大，用它制备的太阳能电池的温度系数相对较小。在较宽的范围内，电池效率随温度的变化近似于线性，约为 −0.23%/℃，降低缓慢，说明 GaAs 太阳能电池具有更高的工作温度范围。

另外，GaAs 太阳能电池的抗辐射能力强，有研究指出，经过 $1 \times 10^{15} \, cm^{-2}$ 的 1MeV 的高能电子辐射，高效空间硅太阳能电池的效率降低为原来的 66%，而 GaAs 太阳能电池的效率仍保持在 75% 以上。显然，GaAs 太阳能电池在辐射强度大的空间飞行器上有更明显的优势。

11.2.2　GaAs 单晶的制备

GaAs 单晶的制备一般都是两步进行。首先利用高纯的 Ga 和 As 合成化学计量比为 1：1 的 GaAs 多晶，然后再生长一定晶向的单晶。这两个步骤可以在同一设备内完成，也可以在两个设备内完成。通常，根据晶体生长技术的不同，GaAs 体单晶的生长主要有布里奇曼法和液封直拉法。

（1）布里奇曼法制备 GaAs 单晶

布里奇曼法生长单晶实质上是一种区域熔炼技术，可分为水平布里奇曼法和垂直布里奇曼法两种，通常 GaAs 都是水平布里奇曼法生长的，而区熔单晶硅则是利用垂直悬浮区熔法生长的。其实，两种生长方式的物理过程都是相同的。

图 11-5 所示为水平布里奇曼法生长 GaAs 的设备示意和温度分布图。从图 11-5 中可以看出，晶体生长炉分为 A、B 两部分，反应室一般是圆柱形石英管，在炉 B 一端放置石英舟，内置高纯 Ga，通常是将液态 Ga 利用液态的空气或干冰冷冻凝固；而在另一端（位于炉 A 区域）放置高纯 As，在反应室中间有石英隔窗。通常，为使反应室内能保持 $9 \times 10^4 \, Pa$ 的平衡砷压，As 的量要比化学计量比多一些。

原料被放入反应室后，反应室被抽成真空。由于在装料过程中，As 和 Ga 与空气接触

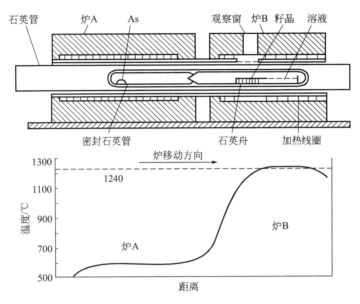

图 11-5　水平布里奇曼法生长 GaAs 的设备示意和温度分布图

而氧化形成氧化膜，会直接影响 GaAs 晶体的生长，所以，必须首先去除氧化膜。在实际工艺中，一般采用高真空高温去除技术。对于 Ga 的氧化膜，一般在 $(1.3 \sim 6.6) \times 10^{-2}$ Pa 的压力下，700℃热处理 2h 即可使氧化膜蒸发；而 As 的氧化膜，则需要在 $280 \sim 300$℃之间热处理 2h。

去除氧化膜后，在真空中利用氢氧焰将反应室两段封闭。然后，将反应室中间的石英隔窗打破，并将反应室放入水平石英加热炉。炉 A 和炉 B 同时升温至 610℃，然后，炉 A 的温度保持不变，炉 B 的温度继续升高至 1250℃，此时，炉 A 中的 As 蒸气通过打通的石英隔窗进入高温区，与 Ga 反应生成 GaAs 多晶。

GaAs 多晶制备完成后，在同一反应室内可以进行单晶生长。通常，有两种方法设置籽晶：一种是在装料的同时，于石英舟的头部放置一个 GaAs 单晶的籽晶；另一种是在晶体生长时首先让头部过冷，产生一个或几个晶粒，再通过择优生长，使得其中一个晶粒能够长大成单晶。

GaAs 单晶的生长是一种区熔过程，利用石英加热炉外的加热线圈，可以使 GaAs 多晶形成一个很小的熔区，然后移动加热线圈或石英管，使熔区从晶体的头部（籽晶处）逐渐向尾部移动，最终长成单晶，通常熔区移动的速度为 $10 \sim 15$mm/h。晶体生长完成后，炉 A 温度从高温首先降低至 610℃，然后炉 A 和炉 B 同时降低至室温。

水平布里奇曼法生长 GaAs 单晶，其固液界面的形状对单晶质量起到了决定性的作用。固液界面不平坦，会导致晶体表面出现花纹，生长成多晶。而平坦或微凸的固液界面则有利于单晶生长。显然，固液界面的形状是由温度场所决定的。为了更好地控制质量，现代水平布里奇曼法生长 GaAs 单晶大多利用三温区技术，即高温区（$1245 \sim 1260$℃），温度高于 GaAs 的熔点，使得 GaAs 维持熔体状；低温区（$600 \sim 610$℃），使 As 的蒸气压维持在 0.1MPa 左右，防止 GaAs 中 As 的挥发和损失；而在高温区和低温区之间增加一个中温区，温度为 $1120 \sim 1200$℃，用来调节固液界面的温度梯度，还可以抑制石英舟引起的 Si 杂质污染。

利用水平布里奇曼法生长 GaAs 单晶时，"粘舟"是主要的问题。因为 GaAs 单晶和石英舟在 1250℃ 下可能发生轻微的"浸蚀"反应，晶体冷却后就与石英舟粘连在一起，导致单晶中产生大量的缺陷。为了防止"粘连"，一般是将石英舟打毛，然后在 1000～1100℃ 用 Ga 处理 10h 左右。另外，彻底清除氧化膜、严格控制温度场也能防止"粘舟"现象的发生。

（2）液封直拉法制备 GaAs 单晶

利用水平布里奇曼法生长的 GaAs 单晶尺寸小，受制于石英舟的大小，最大直径为 75mm，而且晶棒为半圆柱形。通常，人们利用液封直拉法生长大直径的 GaAs 单晶。

液封直拉法生长 GaAs 单晶的方法与普通直拉法生长晶体相似，首先利用石英坩埚将 GaAs 多晶熔化成熔体，然后利用籽晶进行下种，通过缩颈、放肩、等径和收尾，制备成 GaAs 单晶。与单晶硅不同的是，在装料过程中，Ga 和 As 易与空气中的氧反应，生成氧化膜，因此，装料完成后，首先需要在真空下脱氧和脱水。也就是说，需在 700℃ 左右热处理 2h。另外 GaAs 易挥发，生长中需要保持 As 的平衡压；否则，很难生长出准确化学计量比的 GaAs 单晶。为了克服这个困难，人们利用透明而黏滞的惰性液体将熔体密封起来，然后在惰性液体上方充入一定压力的惰性气体，防止 GaAs 化合物熔体中组分的挥发，以保证准确化学计量比的 GaAs 单晶生长。图 11-6 所示为液封直拉法制备 GaAs 体单晶的示意图。

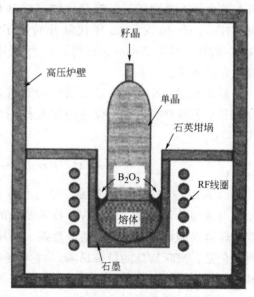

图 11-6 液封直拉法制备 GaAs 体单晶的示意图

对于密封 GaAs 熔体的惰性液体而言，普遍采用 B_2O_3。其熔点比 GaAs 低，只有 450℃，在 GaAs 熔化前已经熔化，保证在 GaAs 分解前将其密封；熔化后，B_2O_3 为无色透明的黏滞玻璃体，可以透过它观察晶体的生长。其化学稳定性好，在高温下不与 GaAs 反应；而且，它容易提纯，在 GaAs 中的溶解度小。所以，B_2O_3 是一种很好的化合物半导体晶体生长的惰性液封材料，不仅应用于生长 GaAs，而且应用于 InP、GaP 等晶体的生长。当然，采用 B_2O_3 也有弱点：一是容易被"污染"；二是在 1000℃ 以下过于黏稠。

利用密封直拉法制备 GaAs 单晶，目前最大直径可达 150mm，重量达到 14kg，其位错密度为 $10^4 \sim 10^5 cm^{-2}$。

11.2.3 GaAs 薄膜单晶材料

GaAs 材料由于它的原料高纯 Ga、高纯 As 较贵，加之 GaAs 晶体的制造工艺复杂，价格较贵。在太阳能电池制造方面，为了提高材料的利用率，降低成本，人们更多的是用 GaAs 薄膜单晶材料。GaAs 薄膜一般用外延生长方式获得。在外延工艺中，从衬底的材质来看有同质外延和异质外延之分。无论是同质外延或异质外延，都可以采用液相外延、金属-有机化学气相沉积外延（MOCVD）和分子束外延技术。对 GaAs 而言，前两种用得比较广泛。

（1）液相外延

液相外延技术是 1963 年由 H. Nelson 首先提出并应用于生长 GaAs 等化合物半导体薄膜材料方面。其原理是利用过饱和溶液中的溶质在衬底上的析出制备外延薄层。其外延薄膜层的质量受外延溶液的过饱和度、表面成核过程的生长机理、溶液组分梯度引起的对流等因素的影响。

GaAs 液相外延就是将 GaAs 溶解在 Ga 的饱和溶液中，然后覆盖在衬底表面，随着温度的缓慢降低，析出的 GaAs 原子沉淀在衬底表面，逐渐长成 GaAs 的单晶层，其厚度可以从几百纳米到几百微米。液相外延生长 GaAs 的单晶薄膜，主要是控制溶液的过冷度和过饱和度，以获得高质量的 GaAs 单晶薄膜。

（2）金属-有机化学气相沉积外延

金属-有机化学气相沉积外延（MOCVD，又称 MOVPE）是指以 H_2 作为载气，利用ⅢA 族金属有机物和ⅤA 族氢化物或烷基化合物在高温下进行分解，并在衬底上沉积薄膜的技术。在 20 世纪 60 年代就开始用于 GaAs 的同质外延的研究，在 70 年代发展为 GaAs 的异质外延 AlGaAs 材料，80 年代以后，利用 MOCVD 技术制备了各种ⅢA-ⅤA 族化合物薄膜。

制备 GaAs 薄膜单晶是以氢气为载气，利用三甲基镓（TMGa）或三乙基镓和砷烷（AsH_3）为原材料，在反应室内相互作用分解，然后在衬底上沉积出外延薄膜。其反应式为

$$(CH_3)_3Ga + AsH_3 \Longrightarrow GaAs + 3CH_4$$

实际反应比较复杂，这是一个综合反应式。

与液相外延相比，MOCVD 技术制备的 GaAs 薄膜质量较好，外延组分、厚度、掺杂都比较容易精确控制，而且适应性强。利用不同金属有机源气化，可以制取不同的薄膜材料。但是，MOCVD 的设备昂贵、技术复杂，成本相对较高，且金属有机源大多有毒、易燃，需要进行安全保护和尾气处理。有人提出，利用无毒的三丁基砷（TBAs）代替砷烷，可获得同样高质量的 AlGaAs/GaAs 薄膜。

（3）硅、锗衬底上外延生长 GaAs 薄膜

无论是液相外延，还是 MOCVD 外延制备 GaAs 薄膜，都需要衬底材料。原则上讲<100>晶向的 GaAs 单晶体是最好的衬底材料，但成本太高。因此，人们希望有价廉物美的材料来代替，由于硅材料制备工艺的成熟，纯度高，硅材料便成为首选。利用单晶硅作为 GaAs 薄膜的衬底，具有很多优点。

① 晶片直径大。GaAs 单晶目前最大为 6in，而硅的直径可达 12in 以上，因此用硅片作衬底可制作大直径的 GaAs/Si 片。

② 成本低。硅片的价格是 GaAs 晶片价格的 1/25～1/30。

③ 机械强度好。硅的硬度比 GaAs 高约 50%，抗断裂强度是 GaAs 的 2.5 倍。因此 GaAs/Si 材料具有较高的强度，易于加工。

④ 硅的热导率比 GaAs 高，在硅衬底上做的 GaAs 电路比在 GaAs 衬底上做的电路更能抵抗热击穿和烧毁。

⑤ 硅的密度比 GaAs 低，有利于在空间技术上利用。

但是，单晶硅的晶格常数与 GaAs 相差很大，在外延 GaAs 薄膜时，晶格失配较大（达到 4%），失配位错密度高，达到 $10^6 \sim 10^7 \, cm^{-2}$。另外，两者的热膨胀系数相差 60% 以上，在太阳能电池制作过程中还会产生大的热应力，产生更多的位错。所以，到目前为止，GaAs/Si 太阳能电池还未规模化生产和应用。

因此，20 世纪 80 年代，人们将目标移向了晶格常数与 GaAs 相近的锗单晶（晶格失配仅为 0.07%）。而且，锗单晶的性质与单晶硅很相似，在 Ge 单晶上生长 GaAs 单晶薄膜，同样具有很多优点。

① Ge 的晶格常数与 GaAs 非常接近，两者的热膨胀系数也相近，因此，Ge 衬底上外延 GaAs 薄膜，晶格失配小，缺陷密度低。

② Ge 的机械强度是 GaAs 的 2 倍，在加工过程中不易破碎。

③ 制备成本比 GaAs 低，其价格约为 GaAs 晶片的 40%。但是，GaAs 和 Ge 的界面会形成 p-n 结，导致电池性能下降。又因 Ge 的温度系数大，使得 GaAs 太阳能电池的耐热性降低。

除上述的硅晶格失配、Ge 的温度系数大的情况外，Ge、Si 原子还可能沿位错向 GaAs 层中扩散，产生自掺杂现象，使 GaAs 的掺杂浓度不能精确控制。

11.2.4 GaAs 晶体中的杂质

（1）掺杂 GaAs 单晶

GaAs 的本征载流子浓度为 $1.3 \times 10^6 \, cm^{-3}$，电阻率很高。为了控制 GaAs 晶体的电阻率及其他电学性能，GaAs 晶体需要进行掺杂。掺杂的原则是：在满足器件要求的条件下，掺杂浓度尽可能低。因为过量的掺杂剂掺入会造成晶体中杂质的相互作用和杂质的沉淀，影响材料的电学性能。

根据不同的晶体生长方式，需掺入的掺杂剂是不同的，而且，不同用途的 GaAs 单晶，其掺杂剂也是不同的。例如，利用液封直拉法生长的 GaAs 单晶，由于 Si 和液封物质 B_2O_3 可以起反应，引入大量的 B 污染，所以不能利用 Si 作为掺杂剂。GaAs 单晶的 n 型掺杂剂一般用 Te、S、Sn、Si、Se；p 型掺杂剂一般用 Be、Zn、Ge；而半绝缘 GaAs 的掺杂剂用 Cr、Fe 和 O。

GaAs 晶体的掺杂量与晶体的生长方法有关，掺杂量主要由经验公式计算。对于水平布里奇曼法生长的 GaAs 单晶经验公式为

$$m = K \frac{nWA}{N_A d}$$

式中 m——掺杂剂质量；

$\quad K$——修正系数，对于 Sn、Se、Zn、Fe 掺杂剂，K 值分别为 20、10～20、10～5、10；

$\quad A$——掺杂剂的摩尔质量；

$\quad W$——GaAs 的质量；

$\quad d$——GaAs 的密度；

$\quad n$——载流子浓度；

$\quad N_A$——阿伏伽德罗常数。

对于液封直拉法生长 GaAs 单晶，不同的掺杂剂需要不同的经验公式，其掺杂量和掺杂剂的蒸发系数、分凝系数、晶体生长条件等密切相关。对掺杂剂 Te 的经验公式为

$$n = 1.85 \times 10^{18} c_0 - 0.62 \times 10^{18}$$

而对于掺杂剂 Se 的经验公式为

$$\lg n = 16.83 + 0.2 c_0$$

式中　n——所要求的载流子浓度；

　　　c_0——所需掺杂杂质的浓度。

（2）GaAs 单晶中的杂质

相比于晶体硅，GaAs 晶体的纯度较低，含有多种杂质。这些杂质对 GaAs 材料性能的影响取决于它们的性质和在 GaAs 晶体中的位置。一般而言，这些杂质在 GaAs 晶体中可能处于间隙位置或不同的替代位置，如果杂质 A 处于间隙位置，可以表示为 A_i；如果杂质 A 替代了 Ga 原子，处于替代位置，可以表示为 A_{Ga}；如果杂质 A 替代了 As 原子，则可以表示为 A_{As}。

对于 B、Al、In 等ⅢA 族元素，在 GaAs 中替代了 Ga 原子，处于替代位置，并没有改变原来的价电子数目，对材料的电学性能并没有影响；同样地，对于 P、Sb 等ⅤA 族元素，在 GaAs 中替代了 As 原子，对材料的电学性能也没有影响。当然，如果这些杂质的浓度过量，就会产生沉淀，形成诱生位错，对 GaAs 材料就有负面影响。

S、Te、Se 为ⅥA 族元素，在 GaAs 晶体中通常替代 As 原子，占据其晶格位置，由于ⅥA 族元素比 As 多一个价电子，所以这些元素在 GaAs 晶体中是施主杂质，表现出浅施主的性质。

Zn、Be、Mg、Cd 和 Hg 为ⅡA 或ⅡB 族元素，在 GaAs 晶体中通常替代 Ga 原子，占据其晶格位置，由于ⅡA 或ⅡB 族元素比 Ga 少一个价电子，所以这些元素在 GaAs 晶体中是受主杂质，表现出浅表受主的性质。有时，这些杂质也可以与晶格缺陷结合，形成各种复合体，表现出深受主的性质。

而 C、Si、Ge、Sn 和 Pb 杂质为ⅣA 族元素，在 GaAs 晶体中既可以替代 Ga 原子，又可以替代 As 原子，甚至可以同时替代两者，表现出明显的两性杂质的特点。如果它们替代 Ga 原子，多提供一个价电子，为施主；如果它们替代 As 原子，少提供一个价电子，为受主。以 GaAs 中的 Si 杂质为例，研究证明，当 Si 掺杂的浓度小于 1×10^{18} cm^{-3} 时，Si 原子取代 Ga 原子，起施主作用，这时掺 Si 浓度与电子浓度一致；而 Si 掺杂的浓度大于 1×10^{18} cm^{-3} 时，部分 Si 原子又开始取代 As 原子的位置，出现补偿作用，导致电子浓度逐渐降低。

与晶体硅一样，金属杂质（特别是过渡金属杂质）在 GaAs 中一般都是深能级杂质，有些还是多重深能级。Cu、Au、Fe、Cr 是主要的金属杂质，高浓度的金属杂质会影响载流子浓度，甚至使材料变成半绝缘体。

杂质在 GaAs 中的性质比较复杂，一方面它们可以占据不同的晶格位置，另一方面它们又可能与缺陷作用，形成各种复合体，行为性质也就复杂。

11.2.5　GaAs 晶体中的缺陷

GaAs 晶体中最主要的缺陷是点缺陷和位错，其结构、组成、性质远比硅单晶复杂，很多问题到现在还不清楚。但是，其影响是无疑的，随着缺陷的增多，漏电流增大，发光

效率降低，器件寿命缩短，严重影响器件的性能。

(1) GaAs 晶体中的点缺陷

硅单晶中的点缺陷是空位和自间隙原子。GaAs 晶体中的点缺陷比硅复杂，因为，GaAs 晶格由 Ga 和 As 两种原子套构而成，有两种形式的空位：一种是 Ga 点阵位置上的空位，称为 Ga 空位（V_{Ga}）；另一种是 As 点阵位置上的空位，称为 As 空位（V_{As}）。当 Ga、As 原子处于间隙位置时，分别称为 Ga 间隙原子（Ga_i）和 As 间隙原子（As_i）。

在 GaAs 晶体中，还可能出现一种点缺陷，是 Ga 原子占据了 As 原子的空位（Ga_{As}），或 As 原子占据了 Ga 原子的空位（As_{Ga}），称为反结构缺陷。

除此之外，在 GaAs 晶体中，两种或两种以上的缺陷，通过库仑力作用、偶极矩作用、共价键作用和晶格的弹性作用等，可以发生复杂的复合作用，生成 $Ga_{As}V_{Ga}$、$As_{Ga}V_{Ga}$、$V_{Ga}V_{As}$ 等复合（组合）缺陷。特别是带相反电荷的缺陷，更容易结合形成复合缺陷。在一定的温度下，这些复合缺陷也可能分解为简单的点缺陷。温度越高，复合缺陷的浓度越小。

虽然 GaAs 晶体中可能存在多种点缺陷、复合缺陷，对实际的 GaAs 晶体而言，一般认为 V_{Ga}、V_{As} 是最主要的点缺陷，特别是 V_{Ga} 缺陷。另外，反结构缺陷也是较重要的缺陷，但到目前为止，对这些缺陷的性质还是没有清楚地认识。

(2) GaAs 单晶中的位错

GaAs 晶体中的位错是非辐射复合中心，严重降低少数载流子的寿命，在晶体制备过程中应该竭力避免。但是，无论是体单晶还是薄膜单晶，GaAs 很难生长成无位错的晶体，总是具有一定的位错密度，可以达到 $10^4 \sim 10^5 \, cm^{-2}$。这是由其基本性质决定的，首先，GaAs 材料的热导率低，晶体生长时，固液界面维持结晶的温度梯度较大，因此，容易在晶体中产生较大的热应力，导致位错的产生；其次，GaAs 的临界剪切应力较低，在较低的热应力下，就可以产生位错；再者，GaAs 易于产生点缺陷，其偏聚就产生位错；最后，GaAs 中位错的激活能较低，易于运动，使得位错很容易增殖。

GaAs 中位错的产生主要来源于籽晶位错、晶体生长中的热应力和晶体加工过程中的机械应力与晶体生长的各种因素都紧密相关。不同的晶体生长方法，其位错产生和控制的方法也不同。而努力减少位错密度，则是提高 GaAs 晶体质量的重要途径。

(3) GaAs 单晶中缺陷的氢钝化

为了克服 GaAs 晶体中，特别是 GaAs/Si 外延薄膜中，位错引起的材料性能的降低，一方面努力降低位错密度，另一方面是利用氢钝化。与在晶体硅中一样，氢原子能够钝化 GaAs 晶体中位错的悬挂键以及其他缺陷、杂质的悬挂键，降低其电活性，从而降低它对电子元器件性能的影响。通常，氢钝化在 $250 \sim 400 ℃$ 温度范围内的氢等离子气氛中进行，但是在氢钝化过程中，氢等离子体容易引起表面损伤和粗糙，甚至导致 As 的外扩散，形成 As 的表面耗尽层，这也会使材料的性能降低。

总的说来，化合物半导体材料品种繁多，性质各异。因其各自的特殊性能而用于不同的领域，如 InSb，由于它具有很高的电子迁移率 $[78000 cm^2/(V \cdot s)]$ 和很窄的禁带宽度（0.18eV），广泛应用于磁敏感器件和远红外器件的制作。在本书中，仅以 GaAs 晶体为例，介绍化合物半导体材料的一般特性，对其他材料不再一一介绍。

化合物半导体材料具有不少 Si 所不能及的性能，但由于它们的原材料在地球上的丰度远不及 Si，有的甚至极为稀少（如 Te），而且提纯困难，其纯度远不及 Si。加之制造工艺复杂，有的工艺也还不很成熟，成本高。再则，化合物半导体材料中杂质和缺陷的行为很复杂，有的至今还未能有清楚的认识。诸如此类原因，使得化合物半导体材料的应用远不及 Si 广泛。

本 章 小 结

① 化合物半导体材料其性能在很多方面都优于 Si、Ge，但由于它们的纯度不如 Si、Ge 高，制作较难和在地球上的丰度远不及 Si、Ge 等，在应用的广泛性上远不如 Si、Ge。

② GaAs 与 Si 相比，具有禁带宽度大、电子迁移率高等特性，常被用于制作高频、高速、耐高温、抗辐射器件等。

③ 制备 GaAs 有布里奇曼法和液封直拉法等，大直径的 GaAs 单晶一般采用液封直拉法。

④ GaAs 薄膜材料的制取有以下方法：液相外延，金属-有机化学沉积外延，在 Si、Ge 衬底上外延生长 GaAs 薄膜等方法。

⑤ GaAs 中的缺陷，其结构、组成、性质远比在硅中复杂得多，如空位有 Ga 空位和 As 空位，间隙原子也有 Ga 间隙原子和 As 间隙原子等，甚至还有 Ga 原子占据 As 位和 As 原子占据 Ga 位而引起的缺陷等。这些缺陷的行为远比在硅中复杂得多。

习　题

11-1　化合物半导体材料与 Si、Ge 相比有哪些优越的特性？

11-2　GaAs 材料的晶格结构与 Si、Ge 的晶格结构有何异同？

11-3　简述制备 GaAs 材料的布里奇曼法。

11-4　简述制备 GaAs 材料的液封直拉法。

11-5　简述 GaAs 薄膜材料的几种制备工艺。

11-6　GaAs 材料中晶格缺陷的形式和行为与 Si、Ge 的晶格有何异同？

第12章 硅材料的加工

学习目标

① 掌握切片的方法及特点。
② 掌握硅片加工的质量参数。
③ 了解硅片加工的工艺。
④ 掌握硅片清洗过程对化学品及环境的要求。

制作半导体元件，一般使用的是硅片。高质量的硅片除了要求硅材料本身的内在质量好（如杂质含量小、结构完整等）以外，还要求有高质量的加工。硅材料的加工是一个复杂而精细的过程，各厂家都有自己的独特流程，没有统一的规定。图 12-1 示出了一个基本的流程，实际的工艺流程比此要复杂得多。

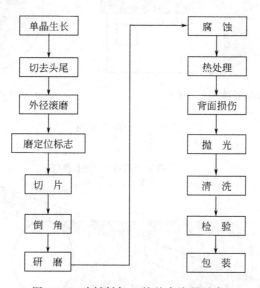

图 12-1 硅材料加工的基本流程示意

12.1 切去头尾

利用外圆切割（OD）机、带锯或内圆切割（ID）机切去单晶锭的头尾非等径部分，以及不合产品要求的部分。同时切取供检验单晶锭参数的检验片，并按规定长度将晶锭分段。

早期一般用外圆切割机，如图 12-2 所示。外圆切割机的刀具是在一张圆形的金属片的外圆边镀上一层金刚石颗粒，在刀片旋转过程中将晶锭切断。随着生产单晶直径的增大，外圆刀片的直径也要增大，为保证刀片强度，刀片就必须增厚。这样一来，切削掉的单晶也就增多，晶锭直径越大，晶体的损失就越多。为了降低切削损失，采用带锯或内圆切断。带锯和内圆切断的刀具都是在其刀刃上镀上一层金刚石颗粒，利用刀具的运动进行切割。因为它们是用张力来使刀片平直的，刀片的厚度可以薄一些，所以切削损失较小。用外圆切断，损失厚度为 3～4mm，而且常会在出刀处留下台阶，为了去除台阶，其损失有时可达 10mm 厚。而用内圆切断，损失为 0.4～0.5mm，用带锯损失为 1.0mm 左右。图 12-3 为带锯切割示意图，图 12-4 为内圆切割刀片图。

对太阳能电池用的单晶硅，在切片时要特别注意切断面与晶锭轴线之间应尽可能垂直，以利于多线切方操作。

切割时必须进行水冷，冷却水既可带走热量也可带走切屑。

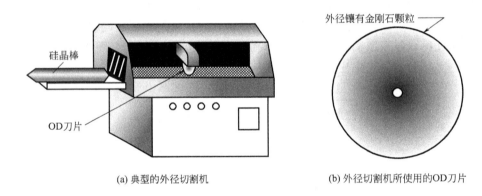

(a) 典型的外径切割机　　　　　　　　(b) 外径切割机所使用的OD刀片

图 12-2　外圆切割机

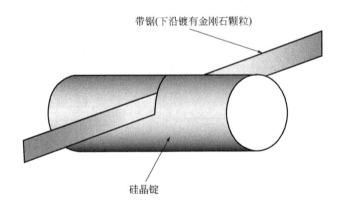

图 12-3　带锯切割示意图

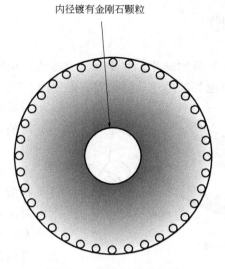

图 12-4 内圆切割刀片图

12.2 外径滚磨

生长的单晶直径一般来说都比需要加工的晶片大 2～4mm，而且有的单晶特别是 <111> 晶向生长的单晶，其晶棱还可能成为一个小面，因此需要对晶体进行外径滚磨，使之成为标准的圆柱体。这个步骤就是将切断后的晶锭固定在特制的磨床上，晶锭慢速旋转，用镀有金刚石颗粒的杯形磨轮，在高速旋转中逐渐将晶锭磨成规定直径的圆柱体（图 12-5）。在这个过程中必须注意：晶锭一定要固定牢靠，且要对中精确，每次磨去的厚度不要太大。

由于滚磨时在晶体表面会造成一定厚度的损伤层，金刚石颗粒越粗损伤层越厚。为了减小损伤层厚度，先用粗颗粒磨轮磨（粒度小于 100♯），后用细颗粒磨轮磨（粒度介于 200♯～400♯）。滚磨时必须进行水冷，冷却水既可带走热量也可带走磨屑。

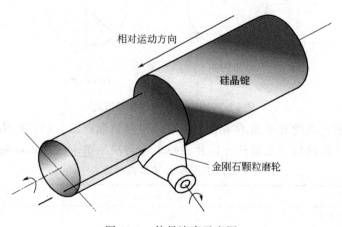

图 12-5 外径滚磨示意图

12.3 磨定位面（槽）

用于制作集成电路（IC）等的硅片，需要有定位面或定位槽（V 形槽）。而用于制作二极管、可控硅及太阳能电池等的硅片，则无需有定位面。磨定位面或定位槽是在装有 X射线定向仪的外径滚磨机上进行的，如图 12-6 所示。一般来说，应在晶锭上磨两个面。一个是较宽的面，为（110）面，称为主平面，作为器件制作中对硅片定位用；另一个平面较窄，称为次平面，用以标识晶锭的晶向和型号，图 12-7 示出SEMI 标准中定位面方位的规格，表 12-1 列出各定位面的宽

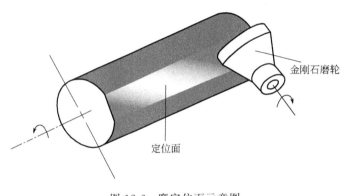

图 12-6 磨定位面示意图

度。对于直径大于 200mm 的晶锭，采用磨 V 形槽来做定位标识，V 形槽的方向在晶锭的<110>方向上，只作工艺定位之用。晶片的其他标识用激光刻在定位槽旁的非使用区，图 12-8 示出 V 形槽的尺寸规格。

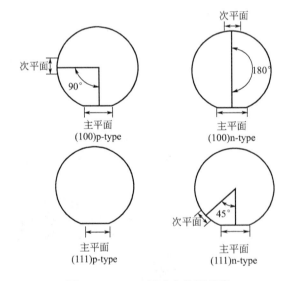

图 12-7 SEMI 标准定位面规定

对用于太阳能电池的硅单晶不需磨定位面，但需切成方锭。切方可用带锯也可用多线切方机。对浇铸的多晶硅锭也需开方，并去掉不符合使用要求的顶层和底层部分。

表 12-1 SEMI 定位面规定

直　径	主 平 面 /mm	次 平 面 /mm
4in(100mm)	32.5±2.5	18.0±4.0
5in(125mm)	42.5±2.5	27.5±4.0
6in(150mm)	47.5±2.5	37.5±4.0

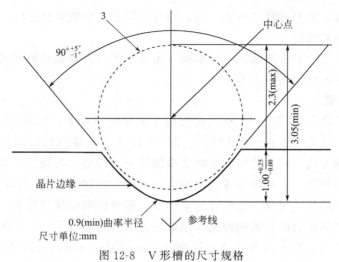

90°$^{+5°}_{-1°}$

中心点

2.3(max)

3.05(min)

1.00$^{+0.25}_{-0.00}$

晶片边缘

0.9(min)曲率半径

参考线

尺寸单位:mm

图 12-8 V形槽的尺寸规格

12.4 切片

切片就是将晶锭切成规定厚度的硅片。目前主要有两种方式:内圆切割和线切割。

12.4.1 内圆切割

内圆切割刀片是用不锈钢制作的,在内径边缘镀有金刚石颗粒做成刀刃,将刀片装在切片机的刀座上,施以各向均匀的张力,使刀片平直。将晶锭先用粘接剂粘在载体(一般用石墨制作)上,载体板面具有与晶锭外圆同样的弧形,然后将载体与晶体一起固定在切片机上,设定好片厚度及进刀速度后,使内圆刀片高速旋转,从硅锭一端切出一片硅片。重复操作,将整支晶锭切成等厚度的硅片。切完后,将其取下浸入热水中,除去粘接剂。内圆切割必须注意以下几点。

(1)注意调整好刀片的张力

装片时首先必须精确对中,然后调整好刀片的张力。施加张力可用水压方式也可用机械方式。图 12-9(a)所示为水压方式。从理论上讲,水压方式优于机械方式,但因水压张力设备常出现渗漏和降压问题而影响张力,一般还是采用机械方式。机械方式是采用螺丝固定方式,如图 12-9(b)所示。由于螺纹间的间隙及摩擦力可能影响扭力矩的读值,所以一般是利用测量刀片内径的变化来判断施在刀片上的张力是否均衡。其变化值一般控制在 0.5%~0.8%,当然是越小越好。在切割过程中,尽管有水冷却,而摩擦力和热仍有影响,张力状况可能变化,需要及时进行调整。

(2)修整刀片

在切割过程中,刀片上镀的金刚石颗粒各方向的磨损不会是均衡的,因而可能引起非直线切割,对磨损较弱的一方必须用约 320 目粒度的氧化铝磨

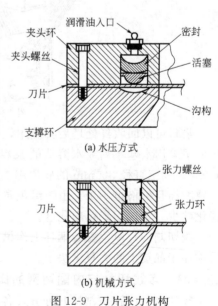

夹头环 润滑油入口 密封
夹头螺丝 活塞
刀片 沟构
支撑环

(a) 水压方式

张力螺丝
刀片 张力环

(b) 机械方式

图 12-9 刀片张力机构

棒来进行修整。哪一方突出就修整哪一方，而前方向是必须随时修整的。

（3）保证冷却水畅通

切割处一直要用冷却水冲淋。冷却水既可带走切屑（主要是硅粉）又能带走切割时产生的热量。冷却水一般选用自来水。

12.4.2 多线切割

多线切割技术早在 20 世纪 50 年代就被用在半导体切片上，到 90 年代才在工业上被广泛用于切割直径大于 200mm 的硅单晶，图 12-10 为多线切割机的示意图。多线切割属于自由研磨剂切削方式，机子使用的钢线由送线轮开始缠绕，再绕过三角形或四边形的安装柄杆。在安装柄杆上，具有很多等距离的沟槽，钢线沿这些沟槽由柄杆的一侧绕到另一侧，就像织布机上的径线那样。从柄杆出来的线，最终回到回线导轮上。钢线的张力由一具有回馈控制系统的张力调整机构控制。钢线长度一般为数百千米，钢线越长更换周期越长，即更换次数越少。钢线抽动的速度很快（600～800m/min）。切割时在钢线上喷洒由油剂和碳化硅混合而成的浆料，浆料既是研磨剂又是冷却剂。钢线的张力必须适当，太大钢线容易损坏，小了不能实现直线切割。

图 12-10 示出的是一次切割一支晶锭的设备，目前已有一次切四支晶锭的设备，每支晶锭长为 400～500mm。

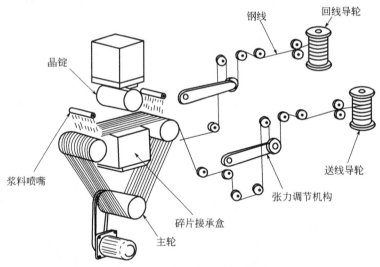

图 12-10 多线切割机示意图

浆料可以回收经处理后再使用，但必须保证浆料的黏稠度，油剂不得变质等。目前也有公司采用水基系列或水溶性的浆料（如聚二乙醇 PEG）。浆料中的研磨粉粒度一般用 800♯，加工直径 300mm 的硅片用 1500♯～1800♯。之所以采用碳化硅做磨粉，是因为它硬度高且价格也不贵。由于绿色碳化硅的金属杂质（如 Fe、Na、Al、Ca 等）含量比黑碳化硅少，常选用绿色碳化硅。

线切割的片厚由安装柄杆上沟槽的间距决定，其切割速度主要由导线的抽动速度及导线施加于晶锭上的力量来决定。

12.4.3 多线切割与内圆切割的比较

线切割与内圆切割这两种方式各有特点。对大直径晶体而言，线切割更具优越性，对较小直径的晶体而言，内圆切割也有其优越之处。现将两种方式比较于下。

① 线切割损耗晶体少，目前所用的线径为 $120\mu m$ 左右，线切割的损失厚度为 $150\sim$ $180\mu m$，而内圆切割损失的厚度为 $300\sim400\mu m$。特别是对直径大于 200mm 的晶体，晶体损失的减少效果更显著。

② 线切割的晶片表面损伤层薄，一般为 $5\sim15\mu m$，而内圆切割的晶片表面损伤层一般为 $30\sim40\mu m$。这一点，对于厚片来说，损伤层可通过研磨来消除，但损失较大；而对薄片（厚度$\leqslant200\mu m$）来说，研磨的碎片率会很高，损失很大。

③ 线切割片可直接用来制作太阳能电池、高压硅堆、二极管等，而无须研磨。内圆切割片则需研磨后才能使用。

④ 线切割片的技术参数（如 TTV、Bow、$Warp$ 等）优于内圆切割，有利于加工高质量的抛光片。

⑤ 线切割的生产效率高，一次可切出几千片，而内圆切割只能一片一片地切。

⑥ 线切割机可以加工直径 200mm 以上的晶体，而内圆机则只能加工直径 200mm 以下的晶体。

⑦ 线切割的钢线的不良状态难以发现，也无法修整，当钢线内部存在 $0.25\mu m$ 的缺陷时，在加工过程中就极易断裂，一旦断裂，加工中的晶体就全报废，损失较大。而内圆切割则可预先测出刀片的不良状态，并予以修整。所以，对小直径晶体而言，内圆切割应用更广泛。

⑧ 线切割消耗品的费用比内圆切割高，大约在两倍以上。

综合以上各项，总的来说，加工大直径晶体线切割优于内圆切割，单位成本可比内圆切割低 20% 以上，加工小直径晶体采用内圆切割更有利。

12.4.4 晶片的技术参数

晶片切好后必须进行测试，以下是考核切片是否合格的几个技术参数。

（1）晶片的晶向

制作不同的器件对晶片晶向的偏离度数要求不同，在切片时首先要按用户需求，调整好晶向的偏离度数。一旦调整完毕，则整锭晶体切出的片子都具有同样的偏离度数。

（2）晶片的总厚度偏差（TTV）

TTV 是指晶圆最大与最小厚度之差，如图 12-11 所示。使用线切割机切直径 200mm 的晶片，TTV 可控制在 $20\mu m$ 以下。

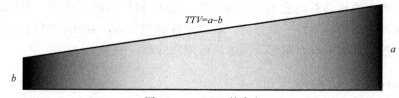

图 12-11 TTV 的定义

（3）翘曲度（$Warp$）

翘曲度的定义为参考平面至晶片中心平面最大距离与最小距离之差。图 12-12 示出了一些变形晶片的 TTV 和 $Warp$。一般使用线切割机切直径 200mm 的晶片，翘曲度可控制在 $40\mu m$ 以内。

（4）弯曲度（Bow）

弯曲度是表征晶片的凹状或凸状变形程度的指标。图 12-13 中测量值为 a 及 b，弯曲度定义为 $(a-b)/2$。弯曲度一直是内圆切割不可避免的，因为晶片两侧受力不均衡。而线切割则避免了这一缺点，所切的晶片的弯曲度几乎为 0。

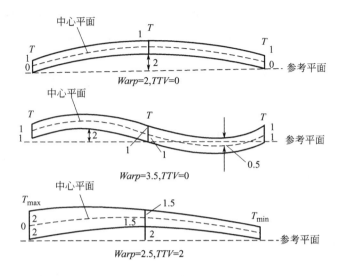

图 12-12　一些变形晶片的 TTV 和 $Warp$

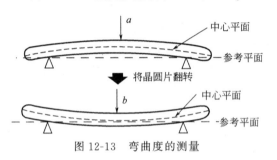

图 12-13　弯曲度的测量

12.5　倒角（或称圆边）

　　无论是内圆切割还是线切割，切出的硅片都具有锐利的边缘。这样的边缘在器件制作过程中，因需要对硅片进行多次的转移和热过程，极易造成晶片崩边和产生位错及滑移线等缺陷，崩边产生的碎晶粒还会划伤晶片，造成器件制作的高不良率。若用以生长外延片，因锐角区域的生长速率比平面处高，造成边缘区域突起，如图 12-14(a) 所示。改善的方法就是将锐边磨成弧形，即对晶圆边进行倒角处理。

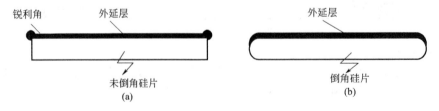

图 12-14　倒角与未倒角外延片的比较

　　倒角可用化学腐蚀及轮磨等方式来实现，因化学腐蚀控制较难，且易造成环境污染，一般采用轮磨方式。目前轮磨边缘有圆形和梯形两种，如图 12-15 所示。若客户未特别指明，两种形状都可以，但必须符合 SEMI 的尺寸规范。

倒角机一般都是自动化的。倒角机的磨轮具有与晶片边缘形状相同的沟槽，沟槽内镶有金刚石颗粒。晶片被固定在一真空吸盘上，磨轮高速旋转，晶片慢速旋转。磨轮对晶片的研磨力度是可控的，可使倒角达到最佳效果。图 12-16 为硅片倒角机的示意图。

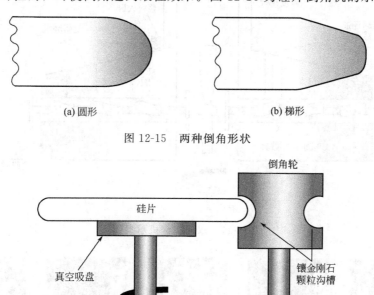

(a) 圆形　　　　　　　　　　　　(b) 梯形

图 12-15　两种倒角形状

图 12-16　倒角机示意

12.6　研磨

切割出的晶片技术参数较差，表面的损伤层较厚，达不到用以制作抛光片和一些元件（如晶闸管、高反压大功率整流管等）制作的要求，必须通过研磨来改善晶片的技术参数和消除切片的刀痕及损伤层。目前的研磨机一般为双面研磨机。

12.6.1　研磨机

图 12-17 为研磨机的示意图，它的主要部件有：两个反向旋转的上下研磨盘，数个置于上下磨盘之间用以承载晶片的载具，用以供给研磨浆料的设备。下面分别做一些简单的介绍。

（1）上下研磨盘

上下研磨盘用球状石墨铸铁制成，其硬度为 140～280HB，球状石墨粒径为 20～50μm，密度为 12080 颗/cm³。对球状石墨铸铁来说，石墨的颗粒粒度随纵深而增大，密度则减小，如图 12-18 所示。之所以采用球墨铸铁，是因为它具有合适的硬度和耐磨性。如果使用比球墨铸铁软的材料，浆料中的颗粒将会镶入磨盘内，造成晶片的划伤；若使用比球墨铸铁硬的材料，浆料的颗粒将挤向晶片，造成晶片的损伤。

研磨盘面上具有一些垂直交错的沟槽，如图 12-19 所示。沟槽的宽度为 1～2mm，深度为 10mm。沟槽可使研磨浆料分布均匀，也能及时排出磨屑与磨浆。上磨盘的沟槽细而密，这是为了减少晶片与研磨盘之间的吸附作用，利于研磨结束时晶片的取出。

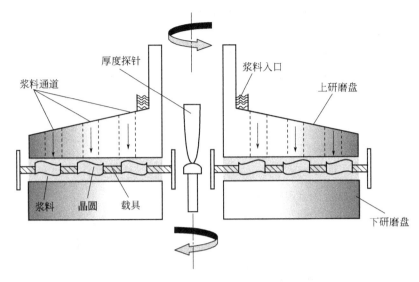

图 12-17 双面研磨机示意图

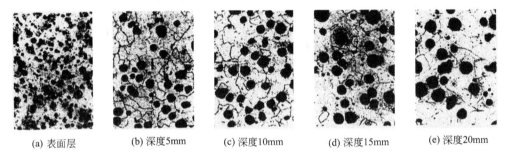

(a) 表面层　　(b) 深度5mm　　(c) 深度10mm　　(d) 深度15mm　　(e) 深度20mm

图 12-18 球墨铸铁中球墨粒度的变化

（2）载具

载具是用以承载硅片的载体，在图 12-17 和图 12-19 中示出。晶片是人工放置于载具上的。载具一般用弹簧钢制成，晶片安置在载具的圆洞中，圆洞直径略大于晶片直径。载具由磨片机的内外环的齿轮带动，相对于磨盘同时进行公转和自转，像行星那样，所以又称为行星齿轮。

（3）研磨浆料的主要成分

为氧化铝、锆砂或金刚砂、水及界面湿性悬浮剂。氧化铝粉的粒度为 $6\sim10\mu m$，它的韧性和硬度都比碳化硅好，所以普遍被采用。研磨浆料由上磨盘注入。

12.6.2 研磨操作

研磨操作主要是控制磨盘速度与施于磨盘上的压力，图 12-20 示出施压的情况。研磨的初始阶段 I，压力必须由小慢慢增加，使浆料能够均匀散布开来，也有利于去除晶片上的突出点。若开始时压力太大，力量都集中在这些高突出点上，晶片容易破裂。进入稳定状态 II 后，一般压力在 $100g/cm^2$ 左右，研磨时间一般为 $10\sim15min$。在结束阶段 III，也须慢慢将压力降低。晶片的研磨速率与施加的压力、浆料的流速、浆料内研磨粉的浓度及磨盘的转速等都有关系。

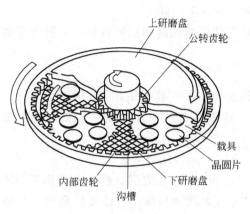
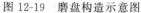

图 12-19　磨盘构造示意图

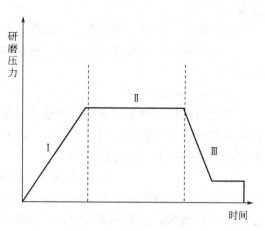

图 12-20　研磨中时间和加压力的关系图

12.6.3　研磨盘的修整

随着研磨次数的增加，磨盘会发生磨损。因磨盘内侧与外侧的线速度不同，磨盘面会出现凹凸状。为了确保研磨面的平整度，需要对磨盘表面进行修整。修整方法一般有两种：一是使用铸铁修整盘对上下磨盘同时进行修整，修整盘的形状与载具相同，同样具有外径齿轮与中空部分，但较厚；二是让上下磨盘直接互相研磨。

12.7　腐蚀

若需对硅片进行抛光加工，则需对研磨片进行腐蚀处理。为了去除磨片时造成的损伤层，通常采用化学腐蚀方法。根据所用腐蚀液不同，可分为酸性腐蚀和碱性腐蚀两种。

（1）酸性腐蚀

酸性腐蚀是一种等方向性腐蚀，即晶片各结晶方向受到均匀的腐蚀。腐蚀液普遍采用不同比例的硝酸、氢氟酸及缓冲液配制而成。硝酸起氧化作用而氢氟酸起溶解氧化物（SiO_2）的作用。其反应式为

$$Si + 2HNO_3 \Longrightarrow SiO_2 + 2HNO_2$$
$$2HNO_2 \Longrightarrow NO + NO_2 + H_2O$$
$$SiO_2 + 6HF \Longrightarrow H_2SiF_6 + 2H_2O$$

综合反应式：　　$Si + 2HNO_3 + 6HF \Longrightarrow H_2SiF_6 + NO\uparrow + NO_2\uparrow + 3H_2O$

腐蚀速率与酸的配比有关，硝酸浓度较高时，腐蚀速率由氧化物的溶解速率决定；氢氟酸浓度较高时，腐蚀速率由氧化速率决定。通常 $HF:HNO_3$（体积比）$=1:5$。缓冲液不仅具有缓冲腐蚀速率的作用，还能改善晶片表面的湿化程度，避免晶片表面出现不规则的腐蚀结构。缓冲液一般采用磷酸或醋酸，其中醋酸较易挥发，在腐蚀液中的浓度不易稳定，磷酸则会降低腐蚀速率。选用时要注意这些特点。

腐蚀界面层的厚度影响着分子的扩散，从而影响腐蚀速率，一般采用晶片旋转及打入气泡等方式进行搅拌，减小反应层厚度。

腐蚀温度一般控制在 $18 \sim 24℃$ 之间，过高的温度有可能使金属杂质扩散进入晶片

表面。

腐蚀器具（酸槽、晶片盒等）由聚二氟乙烯（PVDF）制成。

腐蚀完成后，要快速进行冲洗。由腐蚀槽移至清洗槽的时间越短越好，一般应控制在2s以内。

（2）碱性腐蚀

碱性腐蚀是一种非等方向性的腐蚀，即腐蚀速率与晶片的结晶方向有关。由于（111）面具有较少的自由键，所以比（100）和（110）面不易被"—OH"腐蚀。常用的腐蚀剂为KOH和NaOH。其反应式为

$$Si + 2KOH + H_2O \Longrightarrow K_2SiO_3 + 2H_2 \uparrow$$

通常KOH的浓度为30%～50%，反应温度在60～120℃之间。腐蚀速率随KOH浓度的增加而增加，达到一最大值后，会随KOH浓度的增加而减小。浓度较高时（40%～50%），不仅有利于控制腐蚀速率，因黏度较高，也使得晶片上比较不易留下斑点。反应温度对斑点的产生、金属杂质的污染和腐蚀速率都有影响。通常温度越高，晶片表面越不易留下斑点，但金属污染的机会越大。

碱腐蚀速率与晶片表面的机械损伤程度有关，一旦损伤层完全去除，腐蚀速率就会变得比较缓慢。

（3）酸性腐蚀与碱性腐蚀的比较

碱性腐蚀的器具没有酸性腐蚀的要求高，且使用寿命长，也不用装载晶片的盒子，所以碱性腐蚀在成本上优于酸性腐蚀；腐蚀的晶片平整度也比酸性腐蚀好；在环境保护方面也优于酸性腐蚀。但碱的纯度不及酸的纯度高，腐蚀的晶片表面性质差，易于微粒的吸附及金属的污染，这些都是制作集成电路器件的大忌。表12-2中列出了两种腐蚀方法的比较。

应当指出，如果未来的研磨或抛光技术先进到一定水平，腐蚀工序可被省略。

表 12-2 酸性腐蚀与碱性腐蚀的比较

参　　数	酸性腐蚀	碱性腐蚀
反应性质	放热	吸热
腐蚀方向性	无方向性	有方向性
金属（Cu、Ni）污染程度	腐蚀液纯度高 腐蚀温度低，污染程度小	腐蚀液纯度低 腐蚀温度高，污染程度大 （111）面比（100）面严重
平整度 （TTV、TIR）	须使用特制片盒装载晶片并旋转 用打入气泡等方式来改善平整度	不须特制载具，晶片也不须旋转 不用打入气泡等即能得到一定的平整度
粗糙度	较小，与晶片原损伤层程度有关	较大，与晶片原损伤层程度有关
表面残留微粒	难以去除晶片原有的微粒 不易吸附微粒	较易去除晶片原有的微粒 较易吸附微粒
斑点	晶片转移时间必须小于2s 低电阻率晶片较易产生斑点	晶片转移时间必须小于4s 与晶片电阻率无关
成本	约为碱性腐蚀的2倍	

12.8　抛光

制作集成电路的硅片必须对晶圆的边沿及表面进行抛光，抛光采用化学机械方式。对

边沿抛光的目的在于降低边沿附着微粒的可能性，并使晶圆片在集成电路的制作过程中减少崩边损坏；对晶圆表面抛光的目的在于改善表面的技术参数，提高表面性能，以满足集成电路制作的需要。抛光一般包括2~3个步骤，即粗抛和精抛。粗抛的主要作用为去除磨片的损伤层，去除量为 $10 \sim 20 \mu m$。精抛的作用是改善晶片的微粗糙度，去除量不足 $1 \mu m$。表12-3列出了粗抛和精抛的比较。

表 12-3 粗抛和精抛参数的比较

项目	粗抛	精抛
去除厚度/μm	$10 \sim 20$	<1
去除率/($\mu m/min$)	$1 \sim 2$	$0.1 \sim 0.2$
压力/(kgf/cm^2)	$2.1 \sim 3.5$	$0.21 \sim 0.42$
抛光垫转速/(r/min)	$150 \sim 300$	$150 \sim 300$
抛光温度/$℃$	$30 \sim 60$	$30 \sim 60$
抛光液	硅酸胶悬浮于 KOH 或 $NH_3 \cdot H_2O$ 水溶液中，pH=10.5~12	硅酸胶悬浮于 KOH 或 $NH_3 \cdot H_2O$ 水溶液中，pH=10.5~12,但浓度较低
抛光垫修整	用 Al_2O_3、SiC	用尼龙刷

12.8.1 边沿抛光

边沿抛光的形状也有圆形和梯形两种，一般采用梯形，其规格如图12-21所示。

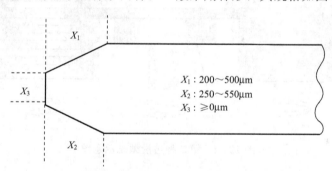

X_1
X_3
X_2

X_1：200~500μm
X_2：250~550μm
X_3：$\geqslant$0μm

图 12-21 一般梯形晶圆边沿规格

边沿抛光有两种方式：一是如图12-22所示。将旋转的倾斜的硅片加压与旋转中的抛光布接触，抛光布是粘在一圆筒上的，晶圆由吸盘固定。先抛 X_1 面，然后将晶片翻转再抛 X_2 面。这种抛光成本低，但晶圆边沿有可能刮伤抛光布，造成晶圆破裂。另一种方式如图12-23所示。两个抛光轮是用发泡固化的聚氨酯（PU）制作的，其中一个抛光轮上车有若干的沟槽（图12-23中右侧轮），沟槽形状与抛光片边沿吻合，这个轮用以抛光 X_1、X_2 面，左边的抛光轮则抛 X_3 面。这种抛光的抛光液为喷洒方式，抛光液用量较前一种大。

边沿抛光后要马上清洗并进行目测，检查是否有缺口、裂纹和污染物存在。

12.8.2 晶圆表面抛光

对直径较小的晶圆可采用批次抛光方式，一次可抛若干片，每批次抛光的时间为20~40min。对大直径晶片，则采用单片抛光方式，一次只抛一片，每次抛光的时间为3~4min。从对晶片抛光的面数来讲，有单面抛光和双面抛光之分。图12-24为硅片抛光机的示意图。

（1）抛光原理

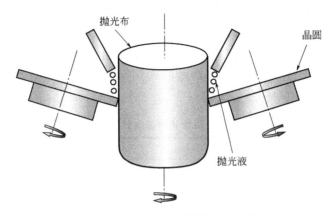

图 12-22 第一种边沿抛光示意图

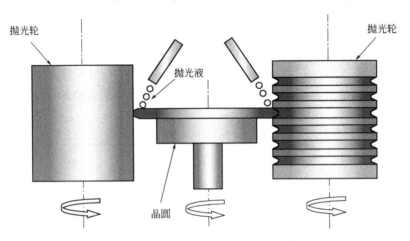

图 12-23 第二种边沿抛光示意图

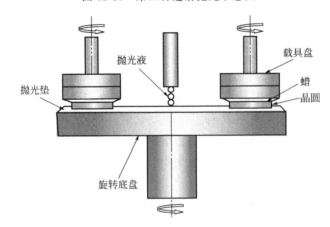

图 12-24 抛光机示意图

抛光液由含有 SiO_2 微细颗粒的悬浮硅酸胶及 NaOH（或 KOH、$NH_3 \cdot H_2O$ 等）组成。在抛光过程中有化学和机械的双重作用。首先利用抛光液中的 NaOH 氧化晶圆表面层，生成 SiO_2，其反应为

$$Si + 4OH^- \longrightarrow Si(OH)_4$$

$$Si(OH)_4 \longrightarrow SiO_2 + 2H_2O$$

机械作用是利用抛光垫、硅酸胶与晶圆的机械摩擦，去除氧化层及提供腐蚀氧化反应的动力。最佳状态是机械力与化学力二者处于平衡状态。若机械力过于激烈，将容易造成刮伤。在抛光温度方面，宏观上整个系统为 $30 \sim 40℃$，但在摩擦接触点的微区温度可高达 $500℃$ 以上。抛光去除速率与晶片受到的压力、粘片剂性能、转盘的转速、抛光液的特性、研磨颗粒的弹性系数及抛光温度等都有关系。

(2) 有蜡抛光和无蜡抛光

有蜡抛光就是利用热塑性的蜡将晶圆固定在一平坦的载具盘上，进行抛光。在操作上是先将一层厚度 $5 \sim 10\mu m$ 的蜡均匀涂在高速旋转（$300 \sim 400r/min$）的载具盘上，将这层蜡加热到 $90 \sim 100℃$ 的软化温度，利用真空加压的方法使晶圆黏着在载具盘上。如果黏得不好，将影响抛光片的平整度或造成表面缺陷。例如当蜡层中有气泡或微粒时，会造成抛光中的区域性压力不均，导致抛光片的弯曲度或凹坑产生。抛光完成后，利用加热方式使蜡熔化，然后用特殊的镊子将晶片取下。

双面抛光必须采用无蜡黏着方式，在操作上可以采用类似双面研磨的方式。双面抛光可以改善晶片表面的平整度及弯曲度等特性，所以受到广泛关注。

12.8.3 影响抛光质量的几个因素

(1) 抛光垫

抛光垫在整个抛光过程中起着重要的作用，它一方面要能使抛光液得以有效地均匀分布，又要能使新抛光液不断地得到补充，并且顺利地排除旧的抛光液及反应物。为了维持抛光过程的稳定性、均匀性和重复性，抛光垫材质的物理特性、化学特性及表面形貌都必须保持稳定。对材质的密度、表面态、化学稳定性、压缩性、弹性系数、硬度等都有很高的要求。抛光垫的厚度也必须加以考虑。目前抛光垫基本上有三种：粗抛垫、细抛垫和精抛垫。

① 聚氨酯固化抛光垫　这种抛光垫主要用于粗抛，它的主要成分为发泡固化聚氨酯，具有类似于海绵的多孔结构。

② 不织布抛光垫　这种抛光垫主要用于细抛，它是用聚酯棉絮类纤维，经针扎工艺形成毛毯结构后，浸入聚合物（polymer）化学溶液槽中浸泡，并使聚合物渗入毛毯纤维，最后经烘干而制成类似丝瓜布的强韧性结构。

③ 绒毛结构抛光垫　这种抛光垫主要用于精抛，它的基本结构为上述的不织布。中间有一层为聚合物，表面层为多孔的绒毛结构，孔洞的作用就如同水母一吸一放那样。在抛光垫受到压力时，抛光液会进入孔洞中；压力释放时，抛光垫会回复到原来的形状，将旧的抛光液及反应物排除和补充新的抛光液。绒毛的长短与均匀性对抛光特性都有影响。如绒毛较长，抛光的去除率就较低。

(2) 抛光液

抛光液是由具有 SiO_2 的微细悬浮硅酸胶及 NaOH（或 KOH、$NH_3 \cdot H_2O$ 等）组成的，抛光液中的 SiO_2 粒度、浓度及 pH 值，是影响抛光去除率及品质的重要因素。在粗抛阶段，要求去除率较大，使用的 SiO_2 粒度较大（$70 \sim 80nm$），浓度也较高。这种配置虽然去除率高，但容易产生雾缺陷。所以精抛液中的 SiO_2 的粒度较小（$30 \sim 40nm$），浓度也较低。

抛光去除率随 pH 值的增加而缓慢增加，但 pH 值超过 12 后，去除率反而快速降低。抛光液的 pH 值一般为 10.5～12。

（3）压力

虽然随着压力的增加去除率也会增加，但使用过高的压力会导致抛光去除率不均匀，增加抛光垫的磨损，温度也难以控制，甚至使硅片破裂。压力适当是抛光中的重要因素。

（4）转盘的旋转速度

增加转盘的旋转速度可以增加抛光去除率，但会产生过高的局部温度以及使得抛光液分布不均，影响抛光质量。转速一般控制在 150～300r/min 之间。

（5）温度

增加温度可促进化学反应，从而可增加去除率。温度一般控制在 30～40℃之间。在这种温度下，根据研究计算，抛光液、硅酸胶与硅片之间的摩擦可使接触点的温度达到 500℃以上。当温度太高时，会引起抛光液的过度挥发及快速的化学反应，而使抛光效果不均匀并产生雾缺陷。

抛光是一个技术含量极高的工艺，对设备、器具和原材料都有特殊的要求，操作更需精细。目前抛光片的总厚度偏差（TTV）必须控制在 $2\mu m$ 以下，表面平整度（TIR）也必须控制在 $2\mu m$ 以下。平整度的定义如图 12-25 所示。随着集成电路的线宽的变小，对抛光片的技术参数还会提出更高的要求。

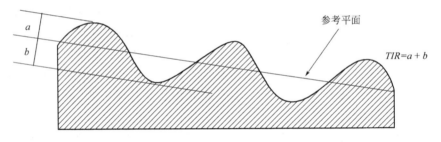

图 12-25　平整度（TIR）的定义

12.9　清洗

由于半导体元件制作工艺日益精密复杂，对晶圆表面洁净度的要求也日益提高。晶圆清洗就是要清除晶圆表面的污染物，如微粒、金属杂质及有机物。目前一般仍用 20 世纪 60 年代以来的湿式化学清洗（RCA），此外也有采用干式和气相清洗的。

清洗完后必须进行干燥，以除去残留的水分。最常见的方式有旋转干燥技术、异丙醇干燥技术和表面张力干燥技术等三种。

（1）清洗的环境与化学品

清洗对环境的洁净度要求特别高，在清洗台的局部区域要求洁净度为 1 级（空气中大于 $0.1\mu m$ 的微粒数不得多于 10 个/m^3）。对空气中的挥发物也必须严格控制。此外，所使用的化学品的纯度必须是超级纯的，其中个别金属不纯度通常小于 0.1ppb，所含大于 $0.2\mu m$ 的微粒必须少于 200 个/cm^3。

（2）清洗的基本原理

目前采用的 RCA 清洗方法使用的清洗液有两种，即 SC-1 和 SC-2。

SC-1 由 $NH_3 \cdot H_2O$、H_2O_2、H_2O 组成，简称 APM。其浓度比例为（1：1：5）～（1：2：7），最合适的清洗温度为 70～80℃。SC-1 具有较高的 pH 值，可有效地去除晶圆表面的微粒及有机物。

SC-2 由 HCl、H_2O_2、H_2O 组成，简称 HPM。其浓度比例在（1：1：6）～（1：2：8）。最合适的清洗温度为 70～80℃。SC-2 具有较低的 pH 值，可以与残留的金属形成可溶性物。

下面介绍 SC-1 和 SC-2 的清洗原理。

① 微粒的去除 残留在晶圆表面的微粒来自于前面加工中使用的设备、化学品、空气环境、去离子水及晶片载具等。SC-1 清洗液中的 H_2O_2 将硅晶片表面微粒氧化后溶于清洗液中而被去除，如图 12-26 所示。此外，还可以利用超声波等方法去除微粒，当超声波平行于晶圆表面时，会逐渐湿化微粒，使其从晶圆表面脱落。当超声波施加到 SC-1 清洗液槽中，可以于 40℃ 的条件下去除微粒。

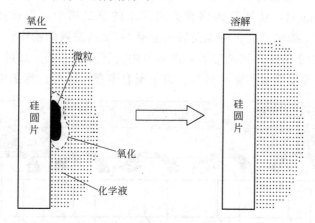

图 12-26 微粒被氧化后溶于清洗液中被去除

必须注意的是 SC-1 清洗液对硅片有轻微的腐蚀作用，通过对晶圆表面的腐蚀也可以使微粒从晶体表面脱落，如图 12-27 所示。但清洗时间过长时，容易使晶圆表面的微粗糙度增加。

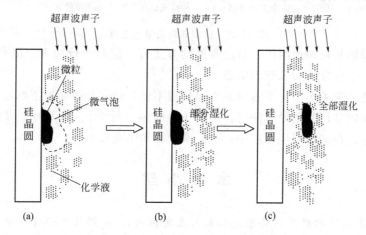

图 12-27 利用超声波清洗晶圆表面

② 金属杂质的去除 硅晶圆表面金属污染，可能来源于前面加工中的化学品、设备

等。金属（Fe、Cu、Na 等）污染将导致晶片热氧化层错（OISF）的产生，影响元件的品质。

SC-1 和 SC-2 清洗液内部都含有高氧化力的 H_2O_2，所以都具有去除金属杂质的能力，其中 SC-1 可去除 I B 族、II B 族、Ni、Co、Cr 等金属杂质。而 SC-2 则可去除碱金属离子、Cu、Au 等残留金属和 $Al(OH)_3$、$Fe(OH)_3$、$Mg(OH)_2$ 及 $Zn(OH)_2$ 氢氧化物的金属离子。

③ 有机物的去除　晶圆表面有机物的污染主要来自塑料载具、空气中的有机物蒸气和所使用的化学品等。有机物的去除主要靠 SC-1 清洗液中的 H_2O_2 的氧化作用与 $NH_3 \cdot H_2O$ 的溶解作用。也可使用 SPM（$H_2SO_4 + H_2O_2 + H_2O$ 的混合液）予以清洗。

（3）湿式化学清洗

目前清洗基本上都采用自动清洗机进行清洗。湿式化学清洗目前有三种不同的方式：浸泡式、喷洗式和密闭容器式。在硅片清洗中大多采用浸泡式。浸泡式清洗至少有六个步骤，如图 12-28 所示。首先将装有硅片的塑料晶舟置入盛有 SC-1 清洗液的槽中，并施以超声波，清洗约 5min 后，快速转入盛有去离子水的第二槽中，以快排或高速冲洗的方式，洗掉残留的 SC-1 清洗液。再将晶舟置入盛有 SC-2 清洗液的槽中，去除残留的金属离子，然后再用去离子水清洗。清洗完后，即可利用旋转或烘干的方式进行干燥。有的在进行 SC-1 清洗前，还要用臭氧去除有机物。以上所有步骤的转移，都是用机械手来完成的。

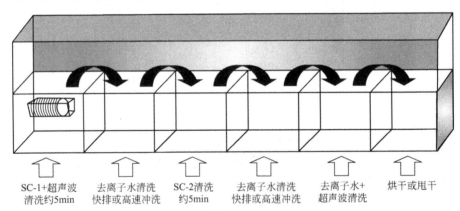

| SC-1+超声波清洗约5min | 去离子水清洗快排或高速冲洗 | SC-2清洗约5min | 去离子水清洗快排或高速冲洗 | 去离子水+超声波清洗 | 烘干或甩干 |

图 12-28　浸泡式清洗基本步骤

清洗液的添加是自动控制的。目前常见的方式有：定时定量加入、电导率控制加入、浓度分析加入。浓度分析加入较为精确。

干燥步骤是非常关键的，不适当的干燥处理不仅会使晶片表面留下水痕，还可能导致微粒污染。目前较常用的干燥方法有：旋转干燥技术（甩干）、异丙醇干燥技术和表面张力干燥技术三种。在硅材料生产厂中，一般采用旋转干燥技术。

本 章 小 结

① 制作集成电路的硅片需要磨定位面（或定位槽），一般按 SEMI 标准磨制。

② 切割硅片有两种方式：内圆切割和多线切割。对直径大于 150mm 的硅锭，通常采用多线切割。

③ 多线切割，切割时晶体损失较小，切割的硅片其技术参数也优于内圆切割。目前，只有直径小于100mm的硅锭才用内圆切割。

④ 倒角（圆边）的目的在于减少在器件工艺中发生崩边、位错及位错增殖等。

⑤ 研磨硅片的目的在于改善切片的表面参数和减小切片时造成的表面损伤。研磨时要注意调整好磨盘的转速和压力，并适时修整磨盘。

⑥ 腐蚀的目的在于去除研磨损伤，使硅片达到进行抛光的要求。

⑦ 腐蚀有酸性腐蚀和碱性腐蚀两种方式。酸性腐蚀为等方向腐蚀，碱性腐蚀为非等方向腐蚀。碱性腐蚀的晶片表面性能比酸性腐蚀差，且表面污染较重。

⑧ 抛光是一个精细加工过程，其目的在于改善硅片表面的技术参数。抛光是一个化学和机械双重加工过程，可单面抛也可双面抛，又分为有蜡抛光和无蜡抛光两种方式。

⑨ 清洗的目的在于清除硅片表面的污染物。目前，多采用全自动清洗机进行清洗。

习　题

12-1　切片目前有哪两种方式？并比较其优劣。

12-2　描述硅片加工质量的参数有哪些？

12-3　为什么要对硅片进行磨边（倒角）处理？

12-4　磨片操作应注意些什么？

12-5　腐蚀有哪些方法？试比较其优劣。

12-6　抛光中应注意些什么？

12-7　清洗对环境及化学品有何要求？

附录 A　常用物理量

物理量	符　号	数　值	CGS	SI
光　速	c	2.997925	10^{10} cm/s	10^8 m/s
质子电荷	e	1.60219		10^{-19} C
		4.80325	10^{-10} esu	
普朗克常数	h	6.62620	10^{-27} erg·s	10^{-34} J·s
	$h/2\pi$	1.05459	10^{-27} erg·s	10^{-34} J·s
阿伏伽德罗常数	N_A	6.02217×10^{23} mol^{-1}		
原子质量单位	amu	1.66053	10^{-24} g	10^{-27} kg
电子静止质量	m	9.10956	10^{-28} g	10^{-31} kg
质子静止质量	M_p	1.67261	10^{-24} g	10^{-27} kg
1 电子伏特	eV	1.60219	10^{-12} erg	10^{-19} J
	eV/h	2.41797×10^{14} Hz		
	eV/hc	8.06546	10^3 cm^{-1}	10^5 m^{-1}
	eV/K	1.16048×10^4 K		
玻耳兹曼常数	k	1.38062	10^{-16} erg/K	10^{-23} J/K

附录 B　一些杂质元素在硅中的平衡分凝系数、溶解度

元　素	平衡分凝系数	溶解度 cm^{-3}	元　素	平衡分凝系数	溶解度 cm^{-3}
C	0.07	3.3×10^{17}	Na	约 0.001	
N	7×10^{14}	5×10^{15}	Ti	2×10^{-6}	
O	约 1	2.7×10^{18}	Cr	1.1×10^{-5}	
B	0.8	1×10^{21}	Fe	6.4×10^{-6}	3×10^{16}
Al	0.0028	5×10^{20}	Ni	约 3×10^{-5}	8×10^{17}
Ga	0.008	4×10^{19}	Co	1×10^{-5}	2.3×10^{16}
In	4×10^{-4}	4×10^{17}	Cu	8×10^{-4}	1.5×10^{18}
P	0.35	1.3×10^{21}	Ag	约 1×10^{-6}	2×10^{17}
As	0.3	1.8×10^{21}	Au	2.5×10^{-5}	1.2×10^{17}
Sb	0.023	7×10^{19}	Zn	约 1×10^{-5}	6×10^{16}
Li	0.01	6.5×10^{19}			

附录 C　真空中清洁表面的金属功函数与原子序数的关系

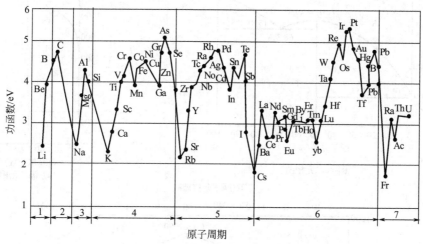

真空中洁净表面的金属功函数与原子序数的关系

附录 D　主要半导体材料的二元相图

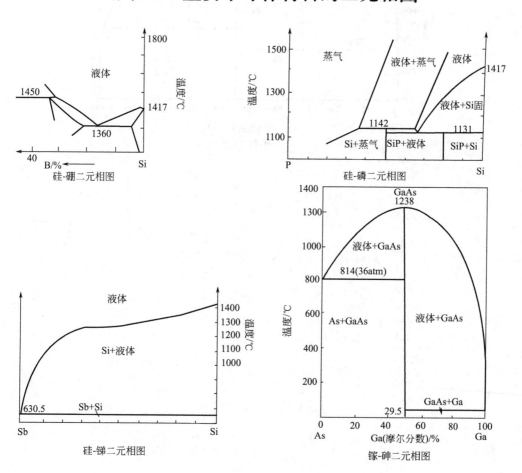

硅-硼二元相图

硅-磷二元相图

硅-锑二元相图

镓-砷二元相图

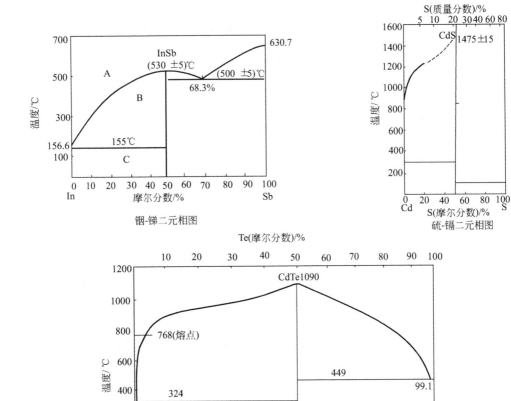

铟-锑二元相图

硫-镉二元相图

碲-镉二元相图

参 考 文 献

[1] 刘文明.半导体物理.长春:吉林科学技术出版社,1982.

[2] 刘恩科等.半导体物理学.北京:电子工业出版社,2008.

[3] 王季陶,刘明登.半导体材料.北京:高等教育出版社,1990.

[4] 佘思明.半导体硅材料科学.长沙:中南工业大学出版社,1992.

[5] 施敏.半导体器件物理与工艺.北京:科学出版社,1998.

[6] 阙端麟,陈修治.硅材料科学与技术.杭州:浙江大学出版社,2001.

[7] 材料百科全书编委会.材料百科全书.北京:中国大百科全书出版社,1995.

[8] 杨德仁.半导体硅材料.北京:机械工业出版社,2005.

[9] 中鸠坚志郎.半导体工程学.熊缨译.北京:科学出版社,2001.

[10] 邓志杰,郑安生.半导体材料.北京:化学工业出版社,2004.

[11] 李文郁.半导体器件化学.北京:科学出版社,1981.

[12] 怀特.R.M.太阳电池.胡晨明.北京:北京大学出版社,1990.

[13] 杨德仁.太阳电池材料.北京:化学工业出版社,2007.

[14] 雷永泉,万群,石永康.新能源材料.天津:天津大学出版社,2000.

[15] 董玉峰,王万录,韩大星.太阳能,1999(1):29.

[16] 廖家鼎,徐文娟,牟同升.光电技术.杭州:浙江大学出版社,1995.

[17] 陈光华,邓金祥等.新型电子薄膜材料.北京:化学工业出版社,2002.

[18] 钟伯强,蒋幼梅,程继键.非晶态半导体材料及其应用.上海:华东化工学院出版社,1991.

[19] 汤会香等.化工水浴法制备 $CuInS_2$ 薄膜的研究.上海:上海交通大学出版社,2003.

[20] 徐岳生等.磁场直拉硅单晶生长.天津:河北工业大学材料学院,2006.

[21] 胡文瑞.微重力科学和应用.天津:物理,1989,18(1):11-14.

[22] 韩玉杰,孙同年.磁场拉晶技术简介.半导体学报,1989(1).

[23] 基泰尔.固体物理导论.杨顺华,金怀诚等译.北京:科学出版社,1979.

[24] [美]Donald A. Neamen.半导体物理与器件.第 3 版.赵毅强等译.北京:电子工业出版社,2005.